Nadjet BENADLA
Mohammed DEBBAL

Conceção e implementação de um sistema de telemedicina móvel

Nadjet BENADLA
Mohammed DEBBAL

Conceção e implementação de um sistema de telemedicina móvel

Transmissão sem fios de sinais ECG

ScienciaScripts

Cover image: www.ingimage.com

This book is a translation from the original published under ISBN 978-620-6-70585-7.

Publisher:
Sciencia Scripts
is a trademark of
Dodo Books Indian Ocean Ltd. and OmniScriptum S.R.L publishing group

120 High Road, East Finchley, London, N2 9ED, United Kingdom
Str. Armeneasca 28/1, office 1, Chisinau MD-2012, Republic of Moldova, Europe
Printed at: see last page
ISBN: 978-620-7-27777-3

Índice

INTRODUÇÃO GERAL

Os sistemas de telemedicina móvel estão a tornar-se cada vez mais importantes, especialmente no tratamento de doentes isolados ou em viagem, longe de um hospital de referência. Estes sistemas têm de ser económicos, pequenos e com baixo consumo de energia. Devem ser manejáveis e fáceis de utilizar pelos doentes.

A incorporação de tecnologias como o Bluetooth e o GPRS permite a transmissão sem fios para os centros de saúde.

A figura 1 mostra o diagrama esquemático da transmissão sem fios do doente para o médico. O doente, equipado com o cartão de aquisição, transmite o seu estado cardíaco através do seu telemóvel. O telemóvel está ligado à rede GPRS e pode comunicar com o hospital. O médico, por seu lado, recebe a informação no seu computador. Estuda a gravidade do tratamento e, consoante o estado do doente, pode consultar diretamente por telefone ou intervir em caso de urgência.

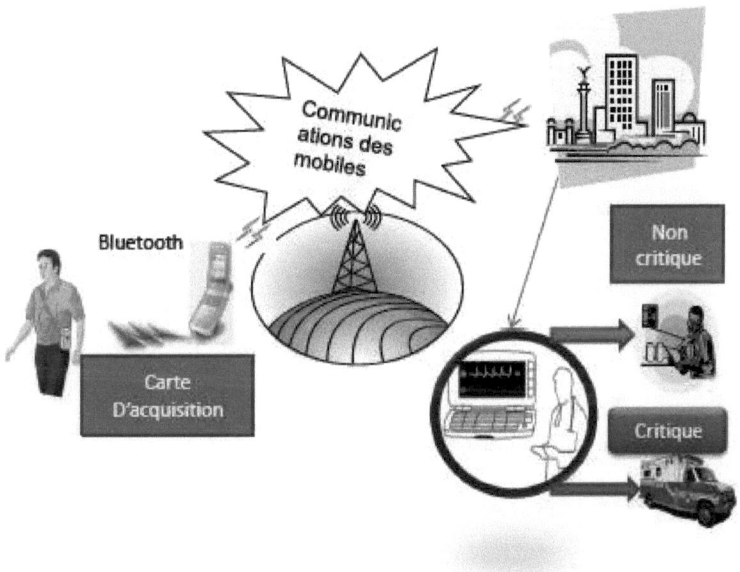

Figura.1 O cenário do nosso projeto [1].

Para o nosso projeto, estamos interessados em criar uma placa de aquisição de sinais ECG. Este trabalho foi desenvolvido no laboratório de eletrónica da nossa faculdade.

O nosso relatório é composto por quatro capítulos, precedidos de uma introdução. O relatório termina com uma panorâmica.

O Capítulo 1 apresenta o funcionamento elétrico do coração, a eletrocardiografia e o eletrocardiograma. No Capítulo 2 são descritas as várias plataformas JAVA, nomeadamente o J2ME e as suas configurações e perfis, bem como as suas bibliotecas básicas CLDC e MIDP. O Capítulo 3 contém exemplos e explicações sobre a programação JABWT utilizada no desenvolvimento de aplicações cliente-servidor. Abrange as operações básicas de inicialização e descoberta do cliente e do servidor.

Finalmente, o capítulo 4 é dedicado à implementação prática do sistema, ou seja, aos componentes essenciais utilizados. Estes são o TL084 para a amplificação, o PIC 16F877A para a conversão analógico/digital e o módulo Bluetooth F2M03GX para a transmissão para o telemóvel.

CAPITULO I
ELETROCARDIOGRAFIA (ECG)

I.1 Introdução

O coração desempenha um papel fundamental e vital no corpo humano **[3]**. Ele assegura a circulação do sangue na pequena circulação (VD-OG) e na grande circulação (VG-OD). Este desempenho depende de uma organização anatómica original em que as câmaras do coração comunicam através de diferentes orifícios equipados com válvulas anti-refluxo, um sistema de excitação automático, uma mecânica contrátil especial e, finalmente, um fornecimento correto de energia e oxigénio **[4]**. Para tal, foram feitos avanços tecnológicos recentes nos dispositivos de deteção de sinais cardíacos conhecidos como eletrocardiografia. Neste capítulo, apresentamos uma revisão da literatura sobre o funcionamento elétrico do coração, a eletrocardiografia, o eletrocardiograma e o estudo e análise dos sinais ECG.

I.2 Funcionamento elétrico do coração

Tal como acontece com todos os músculos do corpo, a contração do miocárdio é causada pela propagação de um impulso elétrico ao longo das fibras musculares cardíacas, induzido pela despolarização das células musculares. No coração, a despolarização origina-se normalmente na parte superior da aurícula direita (seio), propagando-se depois pelas aurículas, induzindo a sístole auricular (Figura I.1), a que se segue a diástole (relaxamento muscular). O impulso elétrico chega então ao nódulo atrioventricular (AV), o único ponto de passagem possível da corrente eléctrica entre as aurículas e os ventrículos. Aqui, o impulso elétrico faz uma breve pausa para permitir a entrada de sangue nos ventrículos. Passa então pelo feixe de His, que é constituído por dois ramos principais, cada um dos quais vai para um ventrículo. As fibras que compõem este feixe, completadas pelas fibras de Purkinje, graças à sua rapidez de condução, propagam o impulso elétrico a vários pontos dos ventrículos, permitindo assim a despolarização quase instantânea de todo o músculo ventricular, apesar da sua grande dimensão, o que garante uma eficácia óptima na propulsão do sangue; esta contração constitui
a fase de sístole ventricular. Segue-se a diástole ventricular (relaxamento muscular); as fibras musculares repolarizam-se e voltam ao seu estado inicial **[5]**.

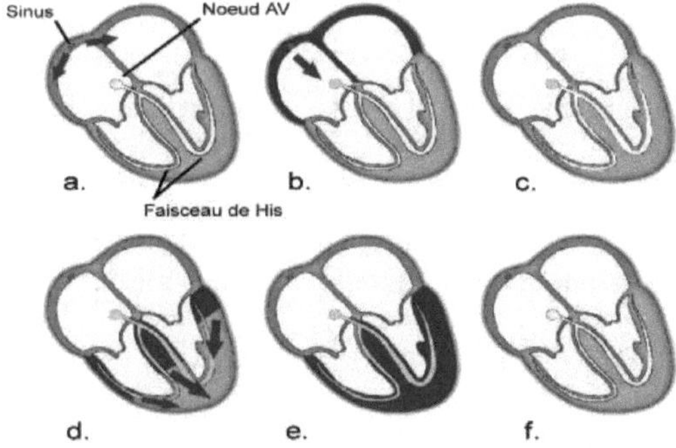

Figura I.1: Funcionamento elétrico do núcleo [1].

I.3 Eletrocardiografia

A eletrocardiografia envolve a exploração da atividade eléctrica do coração através do registo de electrocardiogramas, que são gráficos que mostram as diferenças de potencial elétrico em diferentes pontos do corpo em função do tempo.

De facto, a ativação das fibras musculares cardíacas pode ser dividida em duas fases: uma fase de despolarização e uma fase de repolarização. A fase de despolarização é muito brusca, de certa forma a fase principal; o papel da repolarização é o de repor as cargas nos seus valores iniciais. As diferenças de potencial induzidas são apenas da ordem de alguns milivolts, mas são suficientemente grandes para serem detectadas no corpo humano, que é um meio condutor bastante homogéneo. Por conseguinte, vários eléctrodos colocados em pontos diferentes do corpo não detectam a mesma corrente eléctrica.

Existem várias formas de realizar um eletrocardiograma. A primeira foi definida por Einthoven, o inventor do eletrocardiógrafo, que recebeu o Prémio Nobel pela sua descoberta em 1924.

São colocados três eléctrodos, um em cada pulso e um no pé esquerdo, quando o sujeito está deitado no eletrocardiógrafo, com o coração aproximadamente no centro geométrico deste triângulo. Esta disposição permite cálculos vectoriais fáceis porque cada derivação (pulso esquerdo - pulso direito, pulso esquerdo - pé esquerdo e pulso direito - pé esquerdo) constitui um circuito elétrico (elétrodo 1, fio do elétrodo ao eletrocardiógrafo, fio do elétrodo 2 ao eletrocardiógrafo, corpo humano).

Também é possível utilizar as chamadas derivações unipolares, em que os eléctrodos não estão ligados entre si, mas apenas ao eletrocardiógrafo. Neste caso, são necessários mais eléctrodos para obter o eletrocardiograma, que são implantados em ambos os pulsos e no pé esquerdo, bem como numa série de pontos que formam um arco à volta do coração.

I.4 Eletrocardiograma

O eletrocardiograma permite detetar facilmente perturbações do ritmo, como taquicardias e bradicardias, que são, respetivamente, acelerações e desacelerações do ritmo cardíaco, bem como arritmias. O eletrocardiograma permite também estudar com muito mais pormenor as ondas auriculares e ventriculares. As ondas auriculares são chamadas ondas P e permitem verificar se a frequência de contração auricular, que deve preceder a dos ventrículos em cerca de 16 centésimos de segundo, está a ser respeitada. As ondas ventriculares, designadas por ondas T, permitem verificar se a atividade eléctrica dos ventrículos, que são as obras-primas do coração ao expulsarem o sangue para os vasos, está a ser respeitada. Não se deve esquecer, no entanto, que a eletrocardiografia também pode ser utilizada para detetar problemas pulmonares ou metabólicos **[6]**.

I.5 Traço elétrico do núcleo

O batimento cardíaco pode, portanto, ser seguido através do registo superficial do sinal elétrico que o acompanha. De facto, cada fase do batimento tem um traço elétrico específico. Um olho treinado pode, portanto, na maioria dos casos, diferenciar rapidamente o traço de uma contração auricular do traço de uma contração ventricular. Vamos aplicar o princípio do ECG. À atividade eléctrica de um batimento cardíaco normal. O impulso inicial provém do seio: não é visível no ECG. A onda eléctrica que depois se propaga através dos átrios, provocando a sua contração, deixa no ECG o traço de uma pequena deflexão positiva: a onda P (Figura I.2a). O impulso chega então ao nódulo atrioventricular (AV), onde se produz a curta pausa que se reflecte no ECG por um pequeno segmento plano; em seguida, percorre as vias de condução rápida (o feixe de His) para provocar a contração dos ventrículos, seguida da sua repolarização. Esta propagação do impulso, e a breve e forte contração de todo o músculo ventricular, origina uma sucessão de 3 ondas (Q, R e S) no ECG, conhecida como complexo QRS (Figura I.2b). A onda Q é a primeira: é uma onda descendente, que nem sempre é visível no traçado; a segunda é a onda R: é de grande amplitude e dirigida para cima; a última é dirigida para baixo: é a onda S. É a combinação destas três ondas que constitui o complexo QRS. Após cada complexo QRS, o ECG apresenta uma onda denominada onda T. Entre esta onda e a anterior, existe uma pequena pausa denominada segmento ST, muito importante para a identificação de certas patologias. A onda T reflecte a fase de repolarização das células que constituem os ventrículos; trata-se de um fenómeno puramente elétrico e durante esta fase o coração está mecanicamente inativo (Figura I.2c) **[6]**.

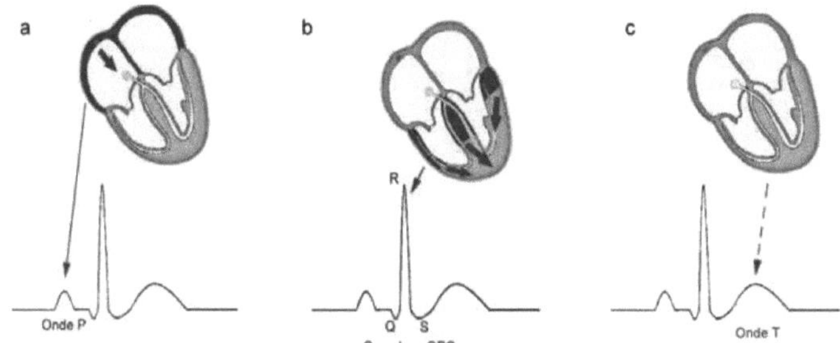

Figura I.2: Traço elétrico do núcleo [1].

I.6 Estudo e análise dos sinais ECG

I.6.1 Origens fisiológicas

Os potenciais eléctricos têm origem nas fibras do músculo cardíaco. A geração de excitação nas várias partes do coração pode ser estudada não só através da medição dos potenciais eléctricos das células ou dos potenciais eléctricos na superfície do coração, mas também através do registo da atividade cardíaca ao nível da pele. À medida que as diferenças de potencial se desenvolvem entre as áreas excitadas do coração, as forças eléctricas diferenciais propagam-se por todo o corpo. Os traçados que reflectem as oscilações destes potenciais podem, portanto, ser registados através da aplicação de eléctrodos em determinados pontos do corpo. Num modelo simplificado, o coração, que é a fonte dos sinais, é um gerador representado por um dipolo elétrico situado no tórax.

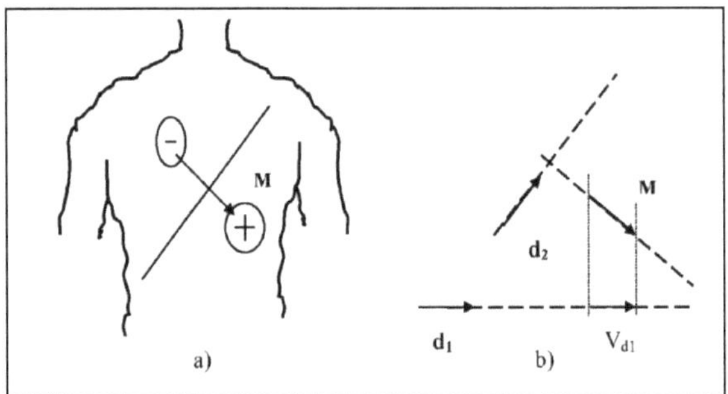

Figura I.3: O vetor cardíaco **[2]**.

a) O dipolo resulta das cargas positivas e negativas separadas uma da outra; o vetor momento é representado por M.

b) A tensão medida numa derivação representada pelo vetor $\mathbf{d}_1$ é simplesmente o produto escalar $V_{d1} = \mathbf{M}.\mathbf{d}_1$; é o módulo da projeção de **M** na direção $\mathbf{d}_1$.

Em eletrocardiografia, não nos interessam as linhas de campo deste dipolo, mas sim o momento dipolar, a que chamamos vetor cardíaco. Trata-se de um vetor dirigido de cargas negativas para cargas positivas, cujo módulo é proporcional à quantidade de cargas multiplicada pela distância que separa os dois tipos de carga. Durante um ciclo cardíaco, a amplitude e a direção deste vetor variam. A diferença de potencial medida por 2 eléctrodos representa o módulo da projeção do vetor cardíaco sobre a linha reta que liga estes dois eléctrodos.

Por convenção, um impulso elétrico que se propaga em direção ao elétrodo é representado no registo do eletrocardiograma por uma deflexão em direção à parte superior do traçado. Se, por outro lado, a atividade eléctrica foge do elétrodo, observa-se uma deflexão para baixo do traçado A Figura I.4 mostra os caminhos percorridos pelos impulsos no coração **[3]**.

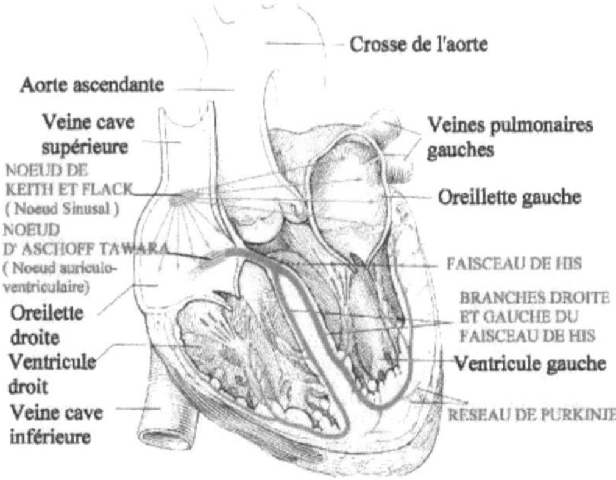

Figura I.4: circuito de condução das excitações eléctricas no coração **[3]**.

I.6.2 Desvios

Existem diferentes sistemas de bypass para a posição e ligação dos eléctrodos ao dispositivo.

O ECG standard é constituído por 12 derivações separadas: seis derivações torácicas e seis derivações dos membros. Estas derivações estudam a projeção da atividade cardíaca para a periferia do corpo em dois planos: frontal e horizontal.

a. Desvio de membros EINTHOVEN bipolar

Estas derivações utilizam 3 eléctrodos colocados no indivíduo. Os eléctrodos são colocados nos braços direito e esquerdo e na perna esquerda, formando um triângulo (triângulo de Einthoven).

Estas derivações são chamadas bipolares porque medem uma diferença de potencial entre dois eléctrodos.

Cada lado do triângulo formado pelos três eléctrodos representa uma derivação (DI, DII, DIII), utilizando um par de eléctrodos diferente para cada derivação.

DI: elétrodo do braço direito ligado ao pólo negativo do galvanómetro e o elétrodo do braço esquerdo ao pólo positivo. (DI regista o potencial do braço esquerdo (VL) menos o potencial do braço direito (VR).

DII: elétrodo do braço direito ligado ao pólo negativo e o elétrodo da perna esquerda ao pólo positivo. (DII regista VF - VR).

DIII: elétrodo do braço esquerdo ligado ao pólo negativo e o elétrodo da perna esquerda ao pólo positivo. (DIII regista VF -VL).

Traduzindo estas três derivações para o centro do triângulo, obtemos a intersecção de três linhas de referência.

b. Derivação unipolar dos membros

De acordo com a 2ª lei de Kirchhoff, a soma dos potenciais absolutos registados no braço direito, no braço esquerdo e na perna esquerda é igual a zero. VR +VL +VF = 0. A partir daqui, seria possível obter um elétrodo indiferente que permaneceria com potencial zero, ligando as três extremidades ao centro através de resistências iguais (5000 ohms). Ligando o centro ao pólo negativo do eletrocardiógrafo e um elétrodo exploratório ao pólo positivo, obtém-se um sistema em que o elétrodo exploratório regista as variações de potencial acima e abaixo do potencial zero. Deste modo, do braço direito, do braço esquerdo e da perna esquerda, são registadas as seguintes derivações

são designados por VR, VL e VF. O registo obtido por estes eléctrodos é fraco e Goldberger sugeriu que o potencial numa das extremidades poderia ser aumentado desligando o seu elétrodo do centro e registando depois a diferença de potencial entre essa extremidade e os outros dois eléctrodos.

Esta derivação unipolar completa a primeira. O ECG regista as variações de potencial ao nível do elétrodo explorador (colocado num ponto determinado (fixo) da superfície do corpo): VR = braço direito, VL = braço esquerdo e VF = perna esquerda. O outro elétrodo "indiferente", ligado a um potencial nulo, corresponde ao centro elétrico do coração.

Para obter um traçado com a mesma amplitude das derivações DI, DII e DIII, foi necessário amplificar (aumentar) a tensão do ECG. O resultado é a derivação A (aumentada), V (voltagem), R (braço direito) e duas derivações adicionais:

* AVR: É registada a diferença de potencial entre o braço direito (BD) e o BG-JG médio. Esta derivação utiliza o braço direito como positivo e todos os outros eléctrodos dos membros como terra negativa (comum).

* AVL: utiliza o braço esquerdo como positivo

* AVF: tensão da perna em relação aos dois braços utilizados como referência. O elétrodo positivo está situado na perna esquerda.

Estas derivações reflectem a atividade eléctrica da região do coração oposta ao elétrodo. A FV reflecte a atividade eléctrica da parte inferior do coração. VL reflecte a atividade eléctrica da parte superior do lado esquerdo, e VR a das câmaras ventriculares.

As três derivações sucessivas são projectadas sobre as três linhas bissectrizes que se intersectam no centro, conhecidas como triaxis. Estas derivações AVR, AVL e AVF intersectam-se em ângulos diferentes, produzindo a intersecção de três outras linhas de referência.

As seis derivações DI, DII, DIII, AVR, AVL e AVF unem-se para formar seis linhas de referência que se intersectam com precisão e se encontram num plano frontal no tórax do indivíduo.

Cada derivação do membro regista a partir de um ângulo diferente, pelo que cada uma representa uma visão diferente da mesma atividade cardíaca.

Estas derivações permitem cálculos vectoriais, uma vez que cada uma "vê" a mesma atividade cardíaca, mas de ângulos diferentes s

c. *Shunt unipolar precordial*

O elétrodo ativo (positivo) é colocado em diferentes níveis do tórax.

As derivações torácicas são designadas por V1 a V6. Vão progressivamente da direita para a esquerda do indivíduo. Estas derivações torácicas projectam-se através do nd AV em direção às costas do paciente, que é o pólo negativo de cada derivação torácica.

As derivações V1 e V2 são colocadas em frente às câmaras direitas do coração e, portanto, exploram o septo e o ventrículo direito; reflectem a atividade do ventrículo direito.

As derivações V3 e V4 estão localizadas em frente ao septo interventricular. Exploram a ponta do coração e a superfície anterior do ventrículo esquerdo.

V5 e V6 são opostos às cavidades esquerdas e exploram a parede lateral do ventrículo esquerdo.

Como não estão equidistantes do coração, estas derivações não podem ser utilizadas para a análise vetorial.

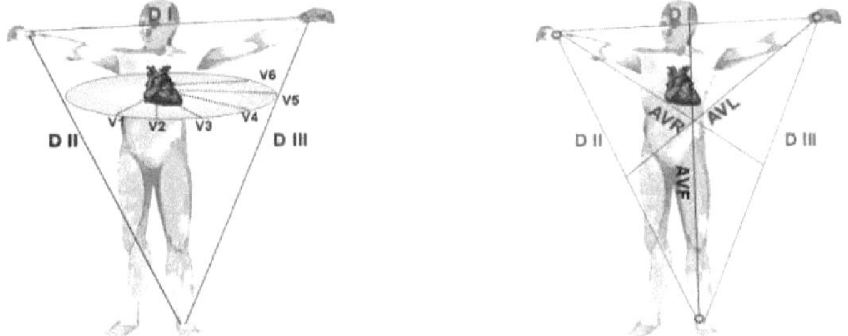

Figura I.5: derivações padrão DI, DII, DIII, unipolares aVR, aVL, aVF e precordiais V1, V2, V3, V4, V5, V6 **[4]**.

d. morfologia do traçado eletrocardiográfico

A onda P é um acidente arredondado. Tem uma amplitude baixa de 0,1 a 0,2 mV e corresponde à despolarização dos átrios. Esta onda ocorre imediatamente antes da contração dos ORs. (Os fenómenos iónicos precedem sempre os fenómenos eléctricos). É geralmente positiva.

Em cães e cavalos, a divisão é bastante comum. Nos humanos, é patológica.

A repolarização dos átrios é mascarada e passa despercebida.

O complexo QRS é o indicador da despolarização ventricular. Observa-se antes da sístole ventricular.

Não há uma explicação particular para nenhum dos eventos QRS; toda a massa ventricular não é activada ao mesmo tempo, mas é activada progressivamente.

A onda T reflecte a repolarização do ventrículo. Geralmente, está do mesmo lado do evento QRS, porque a despolarização ocorre do interior para o exterior do coração (endocárdio - epicárdio).

No coração humano, a repolarização é lenta e ocorre no sentido oposto ao da despolarização (epicárdio - endocárdio); como as correntes registadas estão no sentido oposto ao da repolarização (a corrente passa das células ainda despolarizadas com um exterior negativo para as células já repolarizadas com um exterior positivo), segue-se que a onda de despolarização (QRS) e a onda de repolarização (T) estão no mesmo sentido. Durante o registo do ECG por um elétrodo explorador colocado na superfície epicárdica: Em repouso e quando toda a espessura da parede está despolarizada, não se produz corrente e, consequentemente, não aparece atividade eléctrica. A corrente é produzida quando cargas opostas estão em contacto durante a despolarização e a repolarização.

Nas aves, a distribuição do tecido excitatório é principalmente distribuída pelo epicárdio, pelo que a onda T é virada na direção oposta à R (P é mascarada, alta frequência acima de 300. QRS = pico único = R).

O intervalo PQ (PR) é o tempo entre a despolarização do OR e a despolarização da Vent. Este tempo PQ representa o que se designa por = condução atrioventricular. É isoelétrico.

O intervalo QT é o tempo durante o qual o ventrículo está sujeito a variações de fenómenos eléctricos conhecidos como sístole eléctrica.

Ao analisar os detalhes das variações dos potenciais, a pessoa treinada obtém informações valiosas relacionadas com: a orientação anatómica do coração no tórax; o tamanho das câmaras cardíacas; distúrbios do ritmo e da condução; a extensão, localização e progresso de condições isquémicas no miocárdio; os efeitos de concentrações alteradas de electrólitos no ECF, etc.

No entanto, deve ser lembrado que o ECG não fornece informações directas sobre o funcionamento mecânico (desempenho) do coração como uma bomba. Por exemplo, uma insuficiência valvular não será detectada se não for acompanhada de uma condução anómala **[4].**

I.7 Monitorização médica à distância

A telemonitorização médica é definida como uma vigilância à distância baseada num sistema de informação global que inclui pessoas equipadas com sensores fisiológicos ligados em redes, sem fios ou com fios, para a recolha em tempo real de dados sobre o doente, equipamentos automáticos para adaptar o ambiente de vida da pessoa às suas capacidades pessoais (motoras e cognitivas); uma unidade local, ao nível de cada pessoa, para processar os sinais recebidos dos sensores e gerir uma base de conhecimentos relativa ao doente. Na origem das mensagens e dos alarmes; um centro de controlo remoto para o tratamento das mensagens e dos alarmes recebidos dos indivíduos, bem como de um grupo de intervenientes (pessoal médico, pacientes e familiares) que podem aceder aos dados do sistema a qualquer momento, após autenticação e de acordo com os seus privilégios.

As tecnologias da informação e da comunicação **estão** também a alterar os dados, e é graças a estas tecnologias que o doente pode estar diretamente ligado à equipa médica.

Há uma série de vantagens e desvantagens na monitorização médica à distância

As vantagens que pode citar são :

- As pessoas podem viver em casa durante o maior tempo possível e de forma tão independente quanto possível, num ambiente confortável e seguro.
- Prevenir o mais cedo possível qualquer deterioração da saúde.
- Poupe no transporte médico de emergência e nos internamentos hospitalares numa fase avançada.
- Melhorar a comunicação dos doentes com os profissionais de saúde, os prestadores de cuidados e os familiares.
- Redução dos custos de hospitalização.

- Fácil acesso aos dados, ou seja, referência aos níveis de glicemia, pressão arterial, frequência cardíaca e oxigénio no sangue, bem como aconselhamento médico.
- Ao ligar-se a um monitor para visualizar dados em direto de todos os doentes, permite que os enfermeiros executem uma funcionalidade de monitorização flexível no local de prestação de cuidados, resultando em mais tempo passado com os doentes, o que se traduz numa melhor qualidade dos cuidados.

As desvantagens da monitorização à distância prendem-se com o facto de, até agora, a comunicação entre o doente e o pessoal médico ser feita por telefone, sendo esta a única forma de garantir a segurança do doente à distância.

Além disso, se não for possível efetuar um tratamento ao domicílio sem telefone. Existe o risco de o contacto telefónico ser inadequado devido à subjetividade do diálogo. O número de parâmetros efetivamente transmitidos, bem como a frequência aleatória das chamadas, podem ser limitados e, muitas vezes, a disponibilidade variável das equipas de cuidados. Estas lacunas, tanto em termos de qualidade como de quantidade do contacto telefónico, podem dar origem a problemas a que as equipas de cuidados estão habituadas. Estes problemas conduzem frequentemente à transferência inesperada do doente para o centro de diagnóstico competente e, por vezes, à hospitalização se a chamada for demasiado tardia.

Dado que a transmissão de dados médicos brutos impõe uma carga de trabalho pesada aos médicos, uma carga de trabalho que pode inevitavelmente limitar o número de pacientes tratados desta forma.

Para além de tudo isto, há ainda a falta de contacto humano, que é uma espécie de terapia para o doente, que precisa de muito afeto **[7]**.

I.8 Conclusão

A análise destes registos requer a utilização de ferramentas de leitura automática de sinais, porque a quantidade de informação registada em 24 horas é muito grande: corresponde a cerca de 100.000 batimentos cardíacos em 3 canais de registo **[8].**

Para facilitar a monitorização dos doentes, propusemos um dispositivo portátil que permite a deteção do sinal de ECG, aplicando tecnologias de transmissão sem fios e programação J2ME. O Capítulo II descreve o J2ME.

CAPITULO II

EDIÇÃO MOVEL JAVA2 (J2ME)

II.1 Introdução

Os primeiros telemóveis foram concebidos apenas para fazer chamadas, pelo que os seus ecrãs eram tão simples quanto possível. Com o tempo, a evolução tecnológica produziu telemóveis cada vez mais potentes, com mais memória e melhores ecrãs.

Hoje em dia, quase todos os telefones vêm com uma câmara, um leitor de MP3 ou um rádio. No entanto, os telefones estão a evoluir, mas segundo normas diferentes, consoante o fabricante e o modelo. O desenvolvimento de aplicações implica geralmente a utilização de uma API proprietária, muitas vezes escrita em *C* ou *C++*. A portabilidade de uma aplicação implica, portanto, a adaptação do código a quase todos os modelos de telemóvel.

A Sun oferece uma versão mais leve do J2SE (Java 2 platform Standard Edition), adaptada a dispositivos de baixo consumo, designada J2ME **[10]**.

Neste capítulo, apresentamos as características essenciais e os vários componentes deste ambiente de desenvolvimento de aplicações móveis.

II.2 Descrição da J2ME

A J2ME (figura II. 1) é um subconjunto da plataforma J2SE (Standard Edition). Tem por objetivo conservar as qualidades da tecnologia Java, adoptando a arquitetura das outras edições, ou seja, uma máquina virtual, bibliotecas nativas e uma API, mantendo simultaneamente a coerência multiproduto, o funcionamento seguro em rede e a extensibilidade ascendente.

Figura II.1: A plataforma Java 2 **[11]**.

II.3 A diversidade dos periféricos

A criação de uma plataforma técnica comum para todos os periféricos é uma operação muito delicada. Cada dispositivo tem as suas próprias características específicas, o que significa que as aplicações têm de se adaptar a diferentes características de visualização ou de apontamento.

A lista seguinte mostra a variedade de terminais visados pela Sun :

- Telemóvel, Smartphone (Nokia, Ericsson, Alcatel, Siemens, ...) ;
- PDA (Palm Pilot, PocketPC, ...) ;
- Dispositivos de imagem digital (câmaras de vídeo digitais, máquinas fotográficas digitais, etc.) ;
- Dispositivos industriais automáticos (robô numa linha de maquinagem, ecrã de bordo em automóveis).

II.4 Arquitetura J2ME

Uma vez que os terminais móveis não têm a mesma capacidade em termos de recursos que os computadores de secretária tradicionais (memória, disco e capacidade de computação), requerem um ambiente mais leve, adaptado às diferentes restrições de execução (Figura II.2).

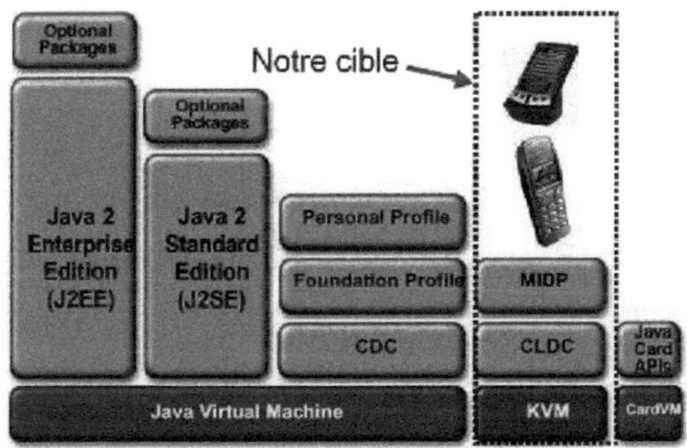

Figura II.2: Arquitetura da plataforma J2ME **[11]**.

Os terminais não dispõem da mesma capacidade de recursos que os computadores de secretária tradicionais (memória, disco e potência de cálculo), pelo que a solução consiste em fornecer um ambiente racionalizado para se adaptar às diferentes restrições de execução. No entanto, como integrar a diversidade da oferta numa base técnica cujo objetivo não está definido a priori? A solução proposta pela J2ME consiste em agrupar certas famílias de produtos em categorias, oferecendo simultaneamente a possibilidade de implementar rotinas específicas para um determinado terminal. Os pontos fortes desta solução residem na riqueza da interface com o utilizador e na possibilidade de funcionar em modo ligado ou desligado.

A arquitetura J2ME está, portanto, dividida em várias camadas com diferentes restrições técnicas:

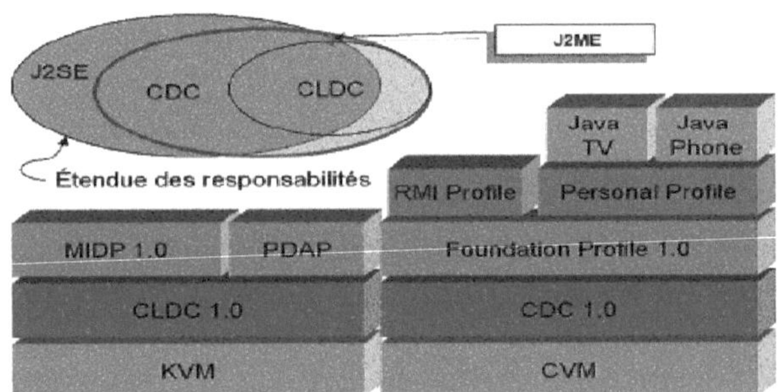

Figura II.3: Diferentes camadas do J2ME **[12]**.

O objetivo desta arquitetura estratificada (figura II.3) é o de integrar, para determinadas famílias de produtos, um conjunto de API que permita a uma aplicação funcionar em vários terminais sem modificar o código.

Os blocos de construção básicos do J2ME são a configuração, o perfil e os pacotes opcionais **[12]**.

Uma configuração é uma máquina virtual e um conjunto mínimo de classes de base e APIs. Especifica um ambiente de execução generalizado para terminais incorporados e actua como a plataforma Java no terminal;

Um perfil é uma especificação da API Java definida pelo sector e utilizada pelos fabricantes e programadores para os diferentes tipos de terminais possíveis;

Um pacote opcional é, como o seu nome sugere, um pacote que pode não ser implementado num terminal em particular.

A máquina virtual situa-se entre a aplicação e a plataforma utilizada, convertendo os bites de código da aplicação num modo de máquina adequado ao hardware e ao sistema operativo utilizados. Dependendo do objetivo, a máquina virtual pode ser reduzida para consumir mais ou menos recursos. O J2ME oferece atualmente 2 tipos de máquinas virtuais, a KVM (KiloByte Virtual Machine) e a CVM (Convergence Virtual Machine).

As classes Java executadas na KVM foram concebidas para funcionar num ambiente limitado em termos de memória (128 K), energia e acesso à rede. Esta configuração foi, portanto, concebida para poupar recursos, com uma KVM de 40 a 80 KB a funcionar 30 a 80% mais lentamente do que uma JVM normal.

A CVM foi concebida para terminais que necessitam de toda a gama de funções da JVM, mas com capacidades mais reduzidas. Os terminais que utilizam a CVM são geralmente compactos, ligados e orientados para o consumidor.

II.4.1 Configurações

Definem uma plataforma mínima em termos de serviços para um ou mais perfis determinados. Atualmente, estão disponíveis duas configurações: CDC (Connected Device Configuration) e CLDC (Connected Limited Device Configuration) **[13]**.

- O CDC especifica um ambiente para terminais ligados de alta capacidade, tais como descodificadores, telefones com ecrã e televisão digital. As características do ambiente de hardware proposto pela configuração CDC são

- um mínimo de 512KB de ROM e 256KB de RAM, processador de 32 bits;

- uma ligação de rede obrigatória (sem fios ou não) ;

- suporte para a especificação completa da Máquina Virtual Java (CVM).

Esta configuração faz, portanto, parte de uma arquitetura Java quase completa.

- O CLDC destina-se a dispositivos com recursos limitados ou baixos, como telemóveis, PDA e dispositivos sem fios leves. Uma vez que estes dispositivos são limitados em termos de recursos, o ambiente tradicional não é capaz de responder às restrições de ocupação de memória associadas a estes dispositivos. Assim, o J2ME define um conjunto de APIs específicas para CLDC e concebidas para utilizar as particularidades de cada terminal de uma mesma família (perfil). As características do ambiente de hardware proposto pela configuração CDLC são :

- Um mínimo de 160KB a 512KB de RAM, processador de 16 ou 32 bits, velocidade de 16 MHz ou superior;

- Uma fonte de alimentação limitada, suportada por uma bateria;

- Uma ligação de rede sem fios não permanente;

- Uma interface gráfica limitada ou inexistente.

No entanto, o CLDC não integra a gestão das interfaces gráficas, a persistência ou as particularidades de cada terminal. Estes aspectos não são da sua responsabilidade.

II.4.2 Perfis

Permitem que uma determinada categoria de terminais utilize características comuns, como a gestão do ecrã, os eventos de entrada/saída (apontador, teclado, etc.) ou os mecanismos de persistência (base de dados ligeira integrada). Estes perfis são objeto de especificações baseadas no princípio JCP (Java Community Process).

Os perfis definem o conjunto completo de classes API que serão disponibilizadas a uma aplicação J2ME e concebidas especificamente para uma determinada configuração (figura II.4).

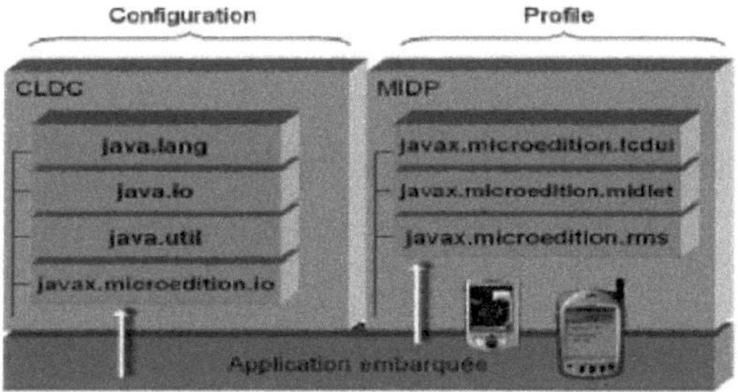

Figura II. 4: Configuração, perfil J2ME **[14]**.

A Sun oferece dois perfis de referência J2ME: o perfil Foundation e o Mobile Information Device Profile (MIDP).

O perfil Foundation destina-se à configuração CDC e, por conseguinte, oferece toda a riqueza de uma máquina virtual que é virtualmente idêntica à máquina virtual padrão. Isto significa que os programadores que utilizam o perfil Foundation têm acesso a uma implementação completa da funcionalidade J2SE **[14]**.

MIDP (Perfil do dispositivo de informação móvel)

O MIDP é a base para a implementação das classes ligadas a um determinado perfil. Inclui métodos para gerir a visualização, a entrada do utilizador e a gestão da persistência (base de dados). Existem atualmente duas grandes implementações de perfis MIDP. Uma é mais específica, destinada a assistentes do tipo Palm Pilot (PalmOs), e a outra é totalmente genérica, proposta pela Sun como implementação de referência (RI).

Estes perfis podem ser descarregados gratuitamente do sítio Web da Sun e incluem uma série de emuladores para testar aplicações em software.

II.5 A API J2ME

A API J2ME está dividida em duas partes; uma específica para MIDP e outra para CLDC, cujas listas de pacotes são ilustradas na Tabela II.1. Vamos agora analisar estas duas partes em pormenor.

Lista dos pacotes CLDC	Lista de pacotes MIDP
java.io	javax.microedition.lcdui
java.lang	javax.microedition.midlet
java.util	javax.microedition.rms
javax.microedition.io	

Tabela II.1: APIs J2ME

II.5.1 CLDC API 1.0

O CLDC é um ambiente java leve, pelo que as bibliotecas que fornece são reduzidas, mas mesmo assim

a. java.io

suficiente para o desenvolvimento de aplicações nos terminais visados.

O pacote *java.io* permite a gestão do fluxo de entrada/saída e, por conseguinte, contém as classes e os métodos necessários para obter informações de sistemas remotos.

b. java.lang

O pacote *java.lang* é um subconjunto das classes padrão do pacote *java.lang do* J2SE, como a interface Runnable e as classes Boolean, Integer, Math, String, Thread, Runtime e outras (15 no total).

c. java.util

O pacote *java.util* contém um pequeno subconjunto do pacote J2SE correspondente, incluindo as seguintes classes: Calendar, Date, TimeZone, Enumeration, Vetor, Stack, Hashtable e Random.

d. javax.microedition.io

Esta biblioteca contém as classes utilizadas para estabelecer ligações através de TCP/IP ou UDP. O principal objeto do pacote *javax.microedition.io* é a classe Connector. Esta classe fornece uma forma uniforme e conveniente de efetuar a entrada/saída, independentemente do tipo de protocolo.

II.5.2 API MIDP

Como o MIDP é o perfil associado à configuração CLDC, suporta as funcionalidades de nível mais elevado **[15]**.

a. MIDP versão 1

A versão 1.0 a do MIDP é o resultado do trabalho efectuado pelo Java Community Process Expert Group, JSR 37 **[16]**.

O MIDP acrescenta alguns pacotes ao CLDC, como mostra o quadro II.2.

Embalagem	Consumíveis
javax.microediton.lcdui	Fornece classes para a interface do utilizador
javax.microedition.midlet	Define as aplicações MIDP e as interacções entre a aplicação e o ambiente
javax.microedition.rms	Fornece armazenamento persistente (gestão de registos do sistema)

Tabela II.2: Pacotes MIDP 1.0

b. MIDP versão 2

A versão 2.0 do MIDP é o resultado do Grupo de Peritos em Processos da Comunidade Java, JSR 118. A especificação MIDP 2.0 define uma arquitetura aumentada e APIs associadas para o desenvolvimento de aplicações para dispositivos de informação móveis.

As especificações baseiam-se nas do MIDP 1.0, proporcionando compatibilidade para que as MIDlets escritas para o MIDP 1.0 possam ser executadas em ambientes MIDP 2.0.

A única diferença é o aumento da memória na especificação MIDP 2.0.

O quadro II.3 apresenta os pacotes fornecidos pelo MIDP 2.0.

Embalagem	**Consumíveis**
javax.microediton.lcdui	Esta biblioteca fornece todas as classes necessárias para gerir a interface de utilizador do terminal
javax.microedition.midlet	Define as aplicações MIDP e as interacções entre a aplicação e o ambiente em que a aplicação funciona (gestão do ciclo de vida do midlet)
javax.microedition.rms	Contém todas as classes utilizadas para gerir uma base de dados leve num terminal.
javax.microedition.lcdui.game	Fornece uma funcionalidade útil para o desenvolvimento de jogos
javax.microedition.media	Fornece o módulo de áudio
javax.microedition.pki	Fornece funcionalidade para o tratamento de certificados

Quadro II.3: Pacotes MIDP

II.6 Midlets

As aplicações criadas com o MIDP são midlets: trata-se de classes que herdam da classe abstrata *javax.microedition.midlet.Midlet*. Esta classe permite o diálogo entre o sistema e a aplicação.

Tem três métodos para gerir o ciclo de vida da aplicação de acordo com os três estados possíveis: ativa, suspensa ou destruída (Figura II.5). O primeiro método, **startApp(),** é chamado sempre que a aplicação é iniciada ou reiniciada. O segundo, **pauseApp()**, é chamado quando a aplicação está em pausa. Finalmente, o terceiro método, **destroyApp(),** é chamado quando a aplicação é destruída. Note-se que o ciclo de vida de um midlet é semelhante ao de um applet **[17]**.

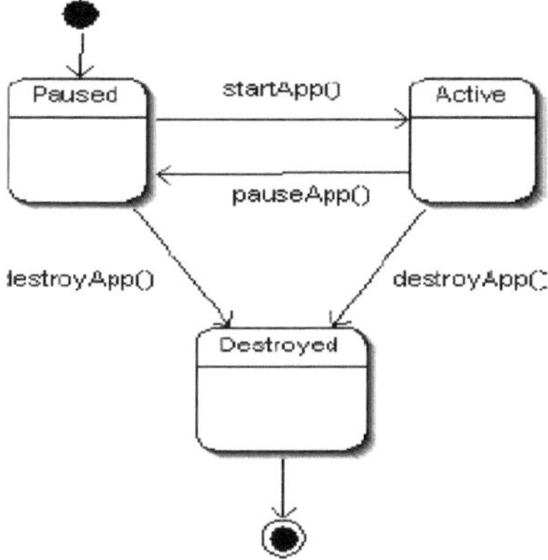

Figura II.5: Ciclo de vida de um midlet **[13].**

II.7 A interface do utilizador

O MIDP foi concebido para funcionar em muitos tipos diferentes de terminais: telefones, Palm Pilots, etc. Respeitando estas limitações de diversidade, as aplicações MIDP devem incorporar sempre a mesma funcionalidade, qualquer que seja o terminal. A solução consistiu em dividir a interface do utilizador em duas camadas: a API de alto nível e a API de baixo nível. A primeira favorece a portabilidade, enquanto a segunda garante a exploração de todas as funcionalidades do terminal. O designer deve, portanto, fazer um compromisso entre a portabilidade e o aproveitamento das características específicas do terminal.

II.7.1 A interface de utilizador de baixo nível

A API de baixo nível fornece acesso direto ao ecrã do terminal e aos eventos associados às teclas e ao sistema de apontadores. Não estão disponíveis componentes da interface do utilizador:

Esta API inclui as classes Canvas, Graphics e Font.

a. A classe Canvas

Pode ser utilizado para escrever aplicações que podem aceder a eventos de entrada de baixo nível, tais como :

- teclas de terminal que estão associadas a um código. Existem três tipos de métodos de gestão de eventos para estas teclas: "keyPressed()", "keyReleased()" e "keyRepeated()". Este último evento não está disponível em todos os terminais. A função "hasRepeatEvent()" pode ser utilizada para saber se é suportado.
- o ponteiro do terminal (se existir). Pode ser gerido pelos métodos "pointerDragged()", "pointerPressed()" e "pointerReleased()". Para garantir que um ponteiro está disponível no terminal, foi implementado o método "hasPointerEvents()".

Esta classe oferece, portanto, um grande controlo sobre o ecrã. Os jogos são a melhor ilustração do tipo de aplicação que utiliza este mecanismo.

b. A classe Graphics

Pode ser utilizada para produzir gráficos 2D. É semelhante à classe java.awt.Graphics em J2SE.

c. A classe Font

A classe Font representa os tipos de letra e as suas métricas associadas.

II.7.2 A interface de utilizador de alto nível

A API de alto nível fornece componentes simples de interface com o utilizador.

Mas não é permitido qualquer acesso direto ao ecrã ou a eventos de entrada. É a implementação MIDP que decide como representar os componentes e o mecanismo de gestão da entrada do utilizador.

Esta API é muito mais rica em classes do que a API de baixo nível. De facto, oferece todas as classes necessárias para desenvolver uma interface "clássica" neste tipo de terminal. As classes "List", "ChoiceGroup", "TextBox", "Form", "TextField" e "DatField" permitem esse desenvolvimento.

Também estão disponíveis outras aulas menos tradicionais, incluindo:

a. A classe Alert

Cria um alerta. Trata-se de uma caixa de diálogo que apresenta uma mensagem de texto, eventualmente acompanhada de uma imagem ou de um som. Pode ser utilizada para apresentar um aviso, um erro, um alarme, etc. Durante esta apresentação, a interface do utilizador é desactivada. Se tiver sido especificado um valor de tempo limite, o alerta desaparece automaticamente; caso contrário, a aplicação aguarda que o utilizador tome medidas.

b. A classe Gauge

Define um indicador que apresenta um gráfico sob a forma de uma barra cujo comprimento corresponde a um valor entre zero e um máximo.

c. A classe Ticker

Um Ticker é um componente da interface do utilizador que apresenta uma linha de texto que se desloca a uma determinada velocidade.

d. A classe Command

É utilizado para definir um comando, o equivalente ao botão de comando do Windows.

Esta classe integra a informação semântica sobre uma ação. Tem três propriedades: a etiqueta, o tipo de comando (por exemplo, voltar, cancelar, validar, sair, ajuda, etc.) e o nível de prioridade (que define a sua localização e nível na árvore de menus).

e. Gestão de eventos

Um evento de alto nível consiste na fonte do evento e no ouvinte do evento. O evento vem da fonte para o ouvinte, que depois processa o evento. Para implementar um ouvinte, a classe só precisa de o registar no componente a partir do qual pretende ouvir os eventos.

Existem dois tipos de eventos:

- o evento Screen com o seu CommandListener correspondente.

- o evento ItemStateChanged utilizando o ItemStateListener.

- CommandListener

O processamento associado a uma ação executada sobre um comando é efectuado numa interface CommandListener. Esta interface define um método, commandAction, que é chamado se um comando for acionado.

O ouvinte correspondente é criado através da implementação da interface CommandListener. Este deve então ser registado através do método setCommandListener (CommandListener myListener).

- ItemStateListener

Qualquer modificação interactiva do estado de um elemento do formulário desencadeia um evento itemStateChanged (por exemplo, modificação de um texto, seleção de um item de uma lista, etc.).

O ouvinte correspondente é configurado através da implementação da interface ItemStateListener.

O objeto ItemStateListener deve então ser registado com um formulário Form utilizando o método setItemStateListener (ItemStateListener myListener).

II.7.3 Restrições à utilização

É possível utilizar a API de alto nível e a API de baixo nível no mesmo MIDlet, mas não simultaneamente. Por exemplo, os jogos que utilizam a API de baixo nível para controlar o ecrã também podem utilizar a API de alto nível para apresentar as pontuações mais altas. A API de baixo nível também pode ser utilizada para traçar gráficos.

II.8 A base de dados ligeira

O RMS (Record Management System) é uma API de armazenamento no terminal. Trata-se de uma espécie de base de dados independente do terminal, em que cada registo é representado sob a forma de uma matriz de bytes. A atualização implica refazer todo o registo.

Os registos são armazenados no que se designa por Record store. Se quisermos estabelecer um paralelo com os SGBD relacionais, o RMS corresponde ao próprio SGBD e o armazenamento de registos à tabela. De facto, o paralelo com a noção de chave primária nas bases de dados relacionais é o "recordID". Este é o identificador do registo. Trata-se de um número inteiro. O valor de ID do primeiro registo é 1 e cada novo registo tem um valor de ID aumentado de uma unidade.

II.8.1 Gestão do arquivo de registos

Existem várias formas de gerir as lojas de registos.

As funções "openRecordStore" e "closeRecordStore" são utilizadas para abrir e fechar um arquivo de registos, respetivamente. Pode obter-se uma lista de todos os registos utilizando "listRecordStore" e "deleteRecordStore" elimina um registo.

O número de registos num arquivo de registos é devolvido por "getNumRecords". As operações básicas nos registos são executadas por estes métodos: "addRecord", "deleteRecord", "getRecord", "setRecord", "getRecordSize". No entanto, a API RMS tem algumas funcionalidades adicionais para selecionar registos. A primeira é a utilização do método "RecordEnumeration" para listar todos os registos no armazenamento de registos. A segunda é a possibilidade de definir um filtro utilizando o método "RecordFilter". Por último, a interface "RecordComparator" deve ser implementada para que os registos possam ser comparados e ordenados.

II.9 O ciclo de desenvolvimento do MIDP

O ciclo de desenvolvimento de uma aplicação MIDP envolve as seguintes etapas:

- Escrever a aplicação utilizando APIs MIDP ;
- Compilação e pré-verificação da aplicação ;
- Testes de aplicação ;
- Embalagem do pedido ;

- Testar a aplicação empacotada ;

Dado o número limitado de classes disponíveis nas APIs MIDP, o desenvolvimento de MIDlets é mais simples do que o desenvolvimento de aplicações em J2SE. Estamos a referir-nos aqui ao desenvolvimento em linha de comandos.

II.9.1 Escrever a aplicação

Como em qualquer projeto de programa informático, a primeira fase de desenvolvimento consiste em escrever o código fonte da aplicação. No entanto, no nosso caso, é necessário cumprir determinados critérios:

- Cada MIDlet deve estender a classe MIDlet, tal como acontece com as applets, o que permite que um MIDlet seja iniciado, suspenso e terminado.

- Uma MIDlet não deve ter um método public static void main().

É importante notar que, quando a aplicação é executada, o terminal escolhe a localização de cada comando, consoante o tipo de comando e a prioridade de quaisquer outros comandos **[13]**.

II.10 Conclusão

O Java 2 Micro Edition (J2ME) é uma arquitetura técnica concebida para fornecer uma base de desenvolvimento para aplicações incorporadas. O objetivo é oferecer todo o poder de uma linguagem como Java combinado com os serviços oferecidos por uma versão restrita de J2SE.

A arquitetura J2ME consiste numa configuração que contém a máquina virtual e a funcionalidade mínima necessária para aceder ao hardware e à rede, um perfil que contém o resto da funcionalidade que pode ser utilizada numa família de dispositivos com características semelhantes e bibliotecas opcionais que os fabricantes são livres de implementar.

Escolhemos a tecnologia J2ME.

O capítulo seguinte é dedicado à programação da tecnologia Java Bluetooth (JABWT).

CAPÍTULO III
JAVA2APIS PARA BLUETOOTH SEM FIOS TECNOLOGIA (JABWT)

III.1 Introdução

O Bluetooth é uma tecnologia de rede pessoal sem fios que permite ligar dispositivos entre si sem uma ligação com fios, substituindo a porta série. A norma Bluetooth baseia-se num modo de funcionamento mestre/escravo. A rede formada por um dispositivo e todos os dispositivos dentro do seu raio de ação é conhecida como "piconet". Um dispositivo mestre pode ser ligado simultaneamente a um máximo de 7 dispositivos escravos activos. Os dispositivos escravos têm um endereço lógico de 3 bits.

Este capítulo fornece uma descrição completa de como programar com JABWT (Java APIs for Bluetooth Wireless Technology) e J2ME. São fornecidos exemplos de código ao longo do capítulo, com o objetivo de mostrar como as API Bluetooth inicializam uma aplicação Bluetooth, estabelecem ligações, instalam um serviço, descobrem dispositivos e serviços vizinhos e, em seguida, ligam-se a um serviço (Figura III.1).

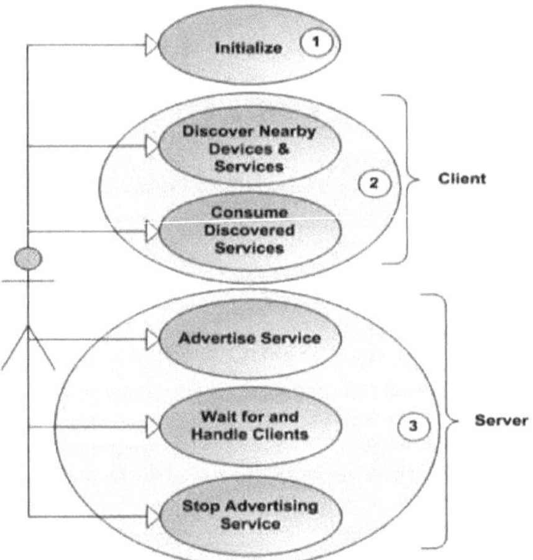

Figura III.1: Utilização de uma aplicação Bluetooth **[19]**.

- **Inicialização** - Este é um passo obrigatório para uma aplicação cliente ou servidor Bluetooth, uma vez que inicializa a pilha de protocolos.

- **Cliente** - *Parte cliente:* Um cliente consome os serviços que estão próximos de si, se conseguir encontrar nas suas imediações os dispositivos que oferecem os serviços que procura.

- **Servidor** _ *Parte do servidor*: Um servidor disponibiliza serviços aos clientes, regista-os e ouve-os. Quando os clientes os solicitam, o servidor aceita-os e satisfaz os seus pedidos.

A Figura III.2 mostra as actividades realizadas pelo cliente e pelo servidor para estabelecer uma ligação **[19].**

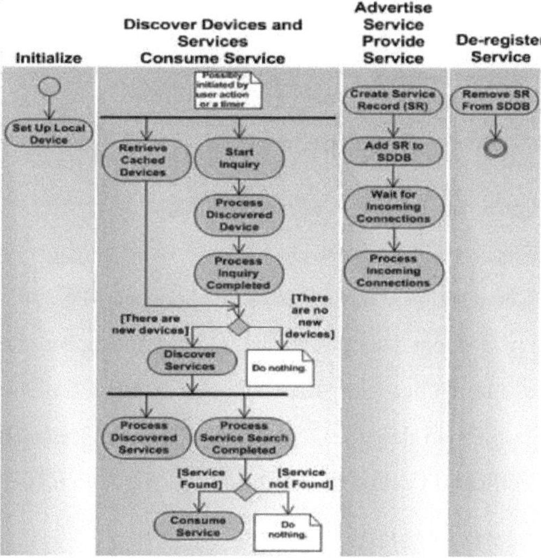

Figura III.2: Actividades do cliente e do servidor **[20].**

Como mostrado na Figura III.2, o cliente e o servidor inicializam a pilha de protocolos. A aplicação do servidor prepara os serviços e aguarda as ligações. O cliente descobre os dispositivos e os serviços e, em seguida, liga-se ao dispositivo de destino para consumir o serviço pretendido.

III.2 Inicialização da aplicação Bluetooth

A inicialização da aplicação Bluetooth é muito simples (Figura III.3).

Em primeiro lugar, a aplicação procura uma referência para o gestor Bluetooth a partir de **LocalDevice.** As aplicações cliente procuram uma referência para o **DiscoveryAgent,** que fornece todas as descobertas relacionadas com o serviço do servidor. As aplicações servidoras tornam o dispositivo detetável.

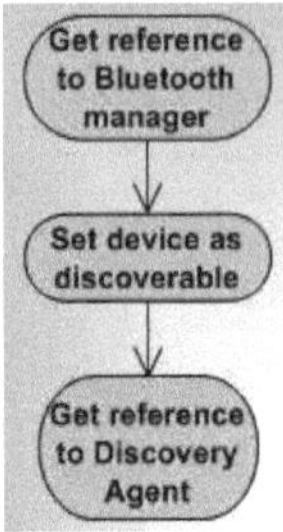

Figura III.3: Inicialização da aplicação Bluetooth [20].

Uma aplicação pode ser utilizada como servidor ou como cliente. Os papéis que desempenham dependem das condições da aplicação. As aplicações servidoras configuram-se para serem detectáveis, enquanto as aplicações clientes obtêm uma referência ao agente de deteção para a deteção de serviços. Quando se define o dispositivo para o modo detetável, chamando **LocalDevice.setDiscoverable()**, é necessário especificar *o Código de Acesso de Investigação (IAC).*

Os 2 modos de acesso ao JABWT:

- **DiscoveryAgent.LIAC** indica o código de acesso de pesquisa limitada. O dispositivo só será detetável durante um período limitado, precisamente um minuto. Após o período limitado, o dispositivo regressa automaticamente ao modo não detetável.
- **DiscoveryAgent.GIAC** indica o código de acesso geral necessário. Não há limite para o tempo que o dispositivo permanece em modo detetável.

Para forçar um dispositivo a regressar ao modo não detetável, basta chamar **LocalDevice.setDiscoverable()** com **DiscoveryAgent.NOT_DISCOVERABLE** como argumento.

III.3 Conexões de processamento

Tal como acontece com todos os tipos de ligação GCF (Generic Connection Framework), é criada uma ligação Bluetooth utilizando **javax.microedition.io.Connector a** partir da ligação GCF. A ligação URL determina o tipo de ligação a ser criada:

- O formato URL para a ligação L2CAP:
  btl2cap ://hostname : [PSM | UUID]; *parâmetros*
- O formato URL para a ligação Stream RFCOMM:
  btspp : //hostname : [CN | UUID]; parâmetros

Onde:

- btl2cap é a disposição do URL para a ligação L2CAP.
- o btspp é a disposição do URL para o RFCOMM StreamConnection.
- o nome do anfitrião ou localhost para estabelecer uma ligação ao servidor, ou o endereço Bluetooth para criar uma ligação de cliente
- PSM *é* o valor do Multiplexador de Protocolo/Serviço, utilizado por um cliente que se liga a um servidor. O seu conceito é semelhante ao de uma porta TCP/IP.
- CN é o valor do número do canal, utilizado por um cliente para se ligar a um servidor, semelhante em conceito a uma porta TCP/IP.
- O UUID *é* o identificador universalmente único utilizado quando se instala um serviço num servidor. Cada UUID tem a garantia de ser único em todos os momentos e intervalos.
- os parâmetros incluem o nome para descrever o nome do serviço e os parâmetros de segurança autenticar, autorizar e encriptar.

Por exemplo:

- Um URL para o servidor RFCOMM:
  btspp://localhost:2D26618601FB47C28D9F10B8EC891363;authenticate=false;encrypt=false;

- Um URL de cliente RFCOMM:

  btspp://0123456789AF:1;master=false;encrypt=false;authenticate=false

A utilização de **localhost** como nome de anfitrião indica que pretende uma ligação ao servidor. Para criar uma ligação de cliente a um dispositivo e serviço conhecidos, utilize o URL do serviço no respetivo **ServiceRecord.**

III.4 Instalação de um servidor Bluetooth (Figura III.4)

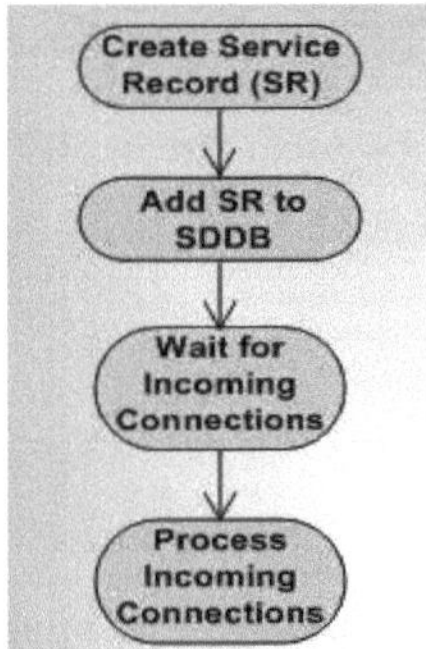

<u>**Figura III.4**</u>: Instalação do servidor Bluetooth **[20].**

Instalámos um servidor Bluetooth para disponibilizar um serviço para utilização. Existem quatro etapas principais:

- Criando um serviço de registo para o serviço que pretende disponibilizar.
- Adicione o novo serviço de registo à base de dados do Service Discovery.
- Registo de serviços.
- A aguardar a ligação do cliente.

Duas operações relacionadas são significativas:

- Modificar o serviço de registo, se os atributos do serviço visíveis para os clientes tiverem de ser alterados
- Uma vez feito isto, remover o serviço de registo da SDDB.

Vejamos mais detalhadamente cada uma destas operações.

III.4.1 Criar um serviço de registo

A execução do Bluetooth cria automaticamente um serviço de registo quando a nossa aplicação cria uma ligação de notificação, seja um **StreamConnectionNotifier** ou um **L2CAPConnectionNotifier.**

Cada atributo de serviço Bluetooth tem o seu próprio identificador universal único (UUID). Dificilmente se pode criar um serviço sem primeiro o atribuir ao UUID.

III.4.2 Registar o serviço e aguardar as ligações de entrada

Uma vez criada a ligação notificada e o serviço de registo de registos de **serviços**, o servidor está pronto para registar o serviço e aguardar os clientes. A chamada do método de notificação **acceptAndOpen()** desencadeia a execução do Bluetooth para inserir o serviço de registo para ter uma ligação associada à **SDDB**, tornando assim o serviço visível para os clientes. O método **acceptAndOpen()** pode bloquear-se a si próprio e aguardar as ligações de entrada.

Quando um cliente se liga, **acceptAndOpen ()** devolve a ligação, no nosso exemplo um **ConnectionStream**, que representa o verdadeiro objetivo do cliente e permite ao servidor ler os dados. A parte seguinte do código aguarda e aceita a ligação de entrada do cliente e, em seguida, lê o conteúdo **[20].**

Esta parte lê um único **String** da ligação. Diferentes aplicações **têm** diferentes requisitos de codificação. Quando a **cadeia de caracteres** pode fornecer diálogo (aplicação de conversação), a aplicação multimédia pode utilizar uma combinação de caracteres e dados binários.

Note-se que este código bloqueia quando está à espera de ligações de entrada do cliente, e deve ser distribuído na sua própria thread de execução.

III.4.3 Atualização do serviço de registo

Há casos em que os atributos de um serviço de registo têm de ser alterados. Podemos atualizar os registos na **SDDB** utilizando a direção de um Bluetooth local. Como se mostra na secção seguinte (fragmento), podemos obter o registo da **SDDB** chamando **LocalDevice.get Record ( ); adicionamos** ou alteramos os atributos da nossa escolha chamando **ServiceRecord**; **setAttributeValue ( )**, e transferimos o registo do serviço de volta para a **SDDB chamando** LocalDevice **.updateRecord ( ):**

No centro da descoberta de serviços está a base de dados de descoberta de serviços **(SDDB)**. A SDDB (Figura III.5) é uma base de dados mantida pelo tempo de execução do Bluetooth que contém registos de serviços, que representam os serviços disponíveis para os clientes **[21]**.

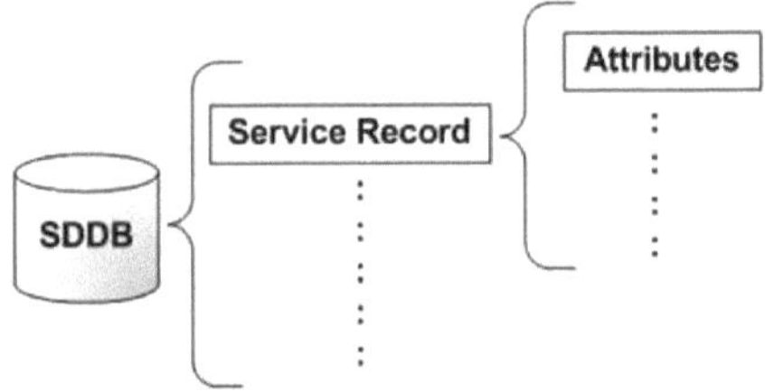

Figura III.5: A SDDB **[20]**.

Cada registo de serviço é representado por um exemplo de ServiceRecord. Este registo contém os atributos que descrevem o serviço em pormenor. A classe fornece vários métodos úteis:

- **getAttributeIDs()** e **getAttributeValue()** procuram os atributos do disco de serviço.
- **getConnectionURL()** obtém o URL de ligação para o servidor que aloja o disco de serviço.
- **getHostDevice()** obtém **RemoteDevice()** e serviços
- **populateRecord()** e **setAttributeValue()** definem os atributos do disco de serviço.
- **setDeviceServiceClasses() define** as classes de serviço **[20].**

III.4.4 Encerrar a ligação e remover o serviço de registo

Quando o serviço deixa de ser utilizável, pode ser removido da **SDDB** **fechando** a ligação notificada.

streamConnectionNotifier.close();

III.5 Conhecer os regimes e serviços vizinhos

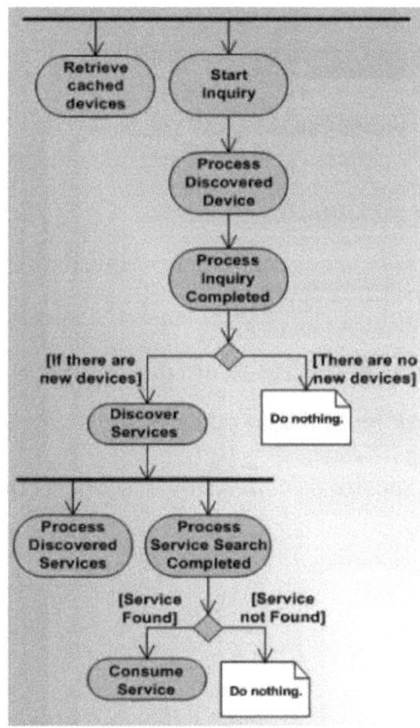

Figura III.6: Descoberta de dispositivos e serviços **[16]**.

Os clientes só podem utilizar os serviços quando os encontram. A pesquisa consiste em descobrir os dispositivos vizinhos e, em seguida, procurar os serviços de eleição para cada dispositivo descoberto. Na realidade, a descoberta de dispositivos é dispendiosa e morosa.

A descoberta é da responsabilidade do **DiscoveryAgent**. Esta classe é utilizada para inicializar o cliente e cancelar o serviço de descoberta de dispositivos. O **DiscoveryAgent** notifica a aplicação cliente de qualquer dispositivo e serviços descobertos através da interface DiscoveryListener. A Figura III.6 mostra a relação entre o cliente Bluetooth, o DiscoveryAgent e o DiscoveryListener.

III.5.1 APIs para a descoberta de dispositivos

O método **DiscoveryAgent** é utilizado para inicializar e cancelar a deteção de dispositivos.

- **retrieveDevices()** procura dispositivos vizinhos já descobertos ou conhecidos.
- **startInquiry()** inicia a descoberta de dispositivos vizinhos, também conhecida como pesquisa.
- **cancelInquiry()** cancela qualquer pesquisa atualmente em curso.

O agente de pesquisa Bluetooth chama o dispositivo **DiscoveryListener**

- **deviceDiscovered()** indica se um dispositivo foi descoberto.
- **inquiryCompleted()** indica que a pesquisa foi bem sucedida

A Figura III.7 mostra os estados de descoberta dos dispositivos

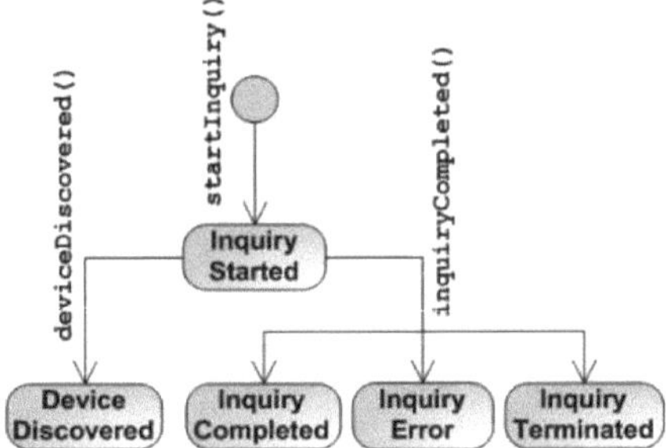

Figura III.7: Diagrama de estado da descoberta de dispositivos **[16].**

A descoberta de dispositivos começa com uma chamada a **startInquiry().** À medida que a pesquisa progride, o agente de descoberta do Bluetooth chama **deviceDiscovered()** e **inquiryCompleted()**.

III.5.2 APIs para a descoberta de serviços

Utilizamos os métodos de descoberta de serviços do DiscoveryAgent para iniciar e cancelar a descoberta de serviços:

- **selectService()** inicia a descoberta de serviços.

- **searchServices()** procura serviços.
- **cancelServiceSearch()** cancela qualquer operação de pesquisa de serviços atualmente em curso.

O agente de pesquisa Bluetooth chama os métodos de retorno de chamada do serviço de pesquisa DiscoveryListener em diferentes pontos da fase de pesquisa do serviço:

- **servicesDiscovered()** indica se foi descoberto algum serviço.
- **serviceSearchCompleted()** indica que a descoberta do serviço foi concluída.

A Figura III.8 ilustra os estados de descoberta de serviços alcançados como resultado das chamadas de retorno do serviço DiscoveryListener:

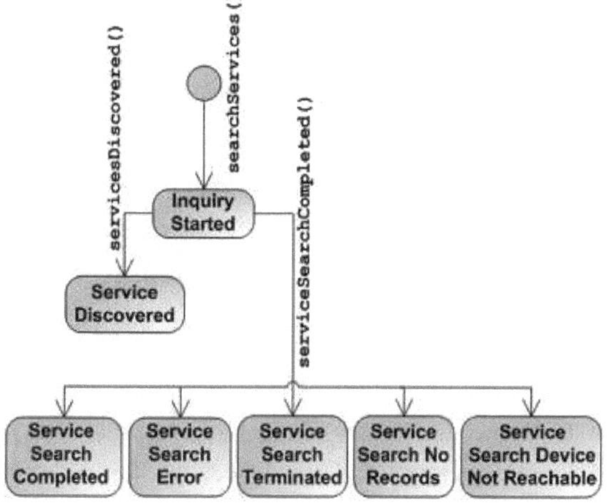

Figura III.8: Diagrama de estado da descoberta de serviços **[16].**

a descoberta de serviços começa com uma chamada **searchServices()**, que resultará em **servicesDiscovered()** e **serviceSearchCompleted()**

Para além do DiscoveryAgent e do DiscoveryListener, também utilizamos as classes UUID, **ServiceRecord** e **DataElement** para descobrir serviços.

III.6 Midlet

Nesta secção, apresentamos a estrutura de um Midlet

```
import javax.microedition.lcdui.Command;
import javax.microedition.lcdui.CommandListener;
import javax.microedition.lcdui.Displayable;
import javax.microedition.midlet.MIDlet;
public class MyMidlet extends MIDlet implements CommandListener {
public void startApp() {
}
public void pauseApp() {
}
public void destroyApp(boolean unconditional) {
}
public void commandAction(Command c, Displayable d) {
}
}
```

Esta classe **Midlet "MyMidlet"** fornece três métodos abstractos que o gestor de aplicações do dispositivo utiliza para comunicar com as aplicações que executa. O método **startApp()** é chamado imediatamente após o construtor e sempre que uma aplicação é activada (e não apenas quando é lançada pela primeira vez). Uma aplicação pode passar do estado ativo para o estado inativo várias vezes durante a mesma execução, pelo que não é aconselhável colocar nela instruções de inicialização (que só devem ser executadas uma vez). Este tipo de instrução deve obviamente ser colocado no construtor.

O método **destroyApp()** é chamado pelo gestor para indicar que uma aplicação está prestes a fechar. Ao contrário de **startApp(),** este método só será chamado uma vez durante a execução de uma aplicação; por conseguinte, pode ser incluído código de limpeza.

No entanto, um dispositivo móvel é geralmente menos estável do que a plataforma padrão e, por conseguinte, será regularmente desligado ou reiniciado pelo utilizador. Por conseguinte, não podemos contar com a execução do método **destroyApp().**

O terceiro e último método abstrato, **pauseApp(),** é utilizado para assinalar que a aplicação está prestes a fazer uma pausa. Este evento ocorre quando o utilizador muda para outra aplicação ou utiliza uma função do dispositivo que impede a aplicação de continuar a ser executada. Como a maioria dos dispositivos não tem a potência necessária para ser verdadeiramente multitarefa, é necessário ter cuidado para libertar o máximo de recursos possível neste método. Quando a aplicação recomeçar, o manipulador chamará o método **startApp() [16].**

Os três primeiros métodos, **startApp(), pauseApp()** e **destroyApp(),** são necessários para qualquer **MIDlet**.

Durante a descoberta do dispositivo e a descoberta do serviço, os eventos serão fornecidos ao. **CommandAction (),** ativado pela interface **CommandListener**, é utilizado para comandos de eventos **[21].**

```
import javax.bluetooth.DiscoveryListener;
import javax.bluetooth.DeviceClass;
import javax.bluetooth.ServiceRecord;
import javax.bluetooth.RemoteDevice;
import javax.microedition.lcdui.Command;
import javax.microedition.lcdui.CommandListener;
import javax.microedition.lcdui.Displayable;
import javax.microedition.midlet.MIDlet;
public class YourMidlet extends MIDlet implements CommandListener,
DiscoveryListener {
public void startApp() {
}
public void pauseApp() {
}
public void destroyApp(boolean unconditional) {
}
public void commandAction(Command c, Displayable d) {
}
public void deviceDiscovered(RemoteDevice remoteDevice,
DeviceClass deviceClass) {
}
public void inquiryCompleted(int param) {
}
public void serviceSearchCompleted(int transID, int respCode) {
}
public void servicesDiscovered(int transID, ServiceRecord[] serviceRecord) {
```

III.7 Conclusão

Neste capítulo foi apresentada a programação da tecnologia java bluetooth JABWT, que permite a ligação automática de dispositivos, a partilha de dados e a prestação de serviços entre eles. Foram apresentados exemplos de programas para explicar como utilizar as APIs no desenvolvimento de aplicações cliente-servidor para operações básicas, como a inicialização do cliente e do servidor, a descoberta de dispositivos e serviços.

Este tipo de programação foi utilizado para criar a nossa aplicação associada ao ecrã do computador portátil para visualizar o sinal ECG, que descrevemos no capítulo seguinte.

CAPITULO IV
APLICAÇÃO PRATICA

OBJECTIVO

O objetivo do projeto é transmitir um ECG (curvas de eletrocardiograma) a um telemóvel a algumas dezenas de metros de distância através de Bluetooth. O objetivo mínimo é obter a transmissão simultânea de pelo menos três derivações, sendo uma derivação um sinal
análogo que representa uma visão da atividade do músculo cardíaco.
As técnicas utilizadas serão as seguintes:

- aquisição de tensão em milivolts (3 ou mais canais)
- filtragem por condensador comutado
- programação no PIC16F877
- transmissão de dados sem fios através de Bluetooth.

IV.1 Princípio da transmissão de ECG através do telemóvel

Um desenvolvimento importante é a transmissão remota do ECG do doente para o médico. O médico está no seu consultório e pode diagnosticar o doente em casa. A transmissão é feita via Bluetooth e depois via GPRS (Generate packet radio service). É utilizado um telemóvel como gateway **[22].**

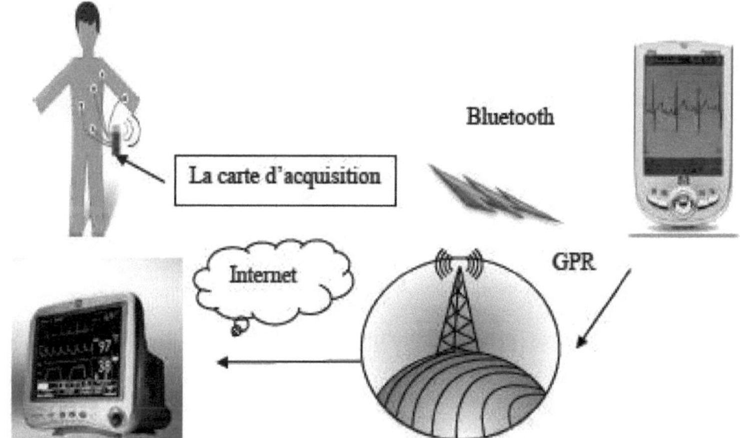

Figura IV.1: Princípio da transmissão de ECG através do telemóvel

IV.2 Diagrama de blocos

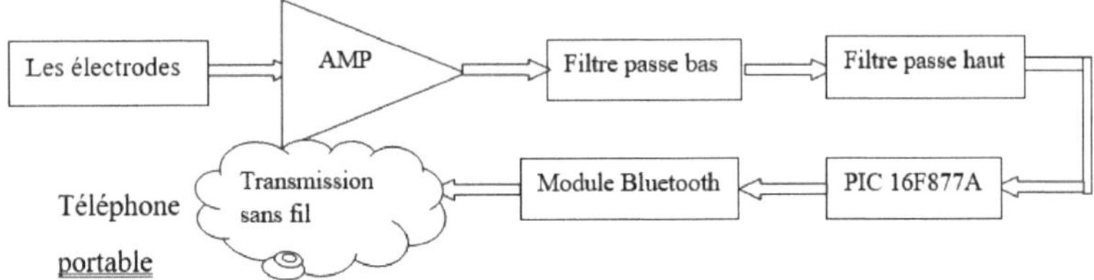

IV.3 Diagrama eletrónico

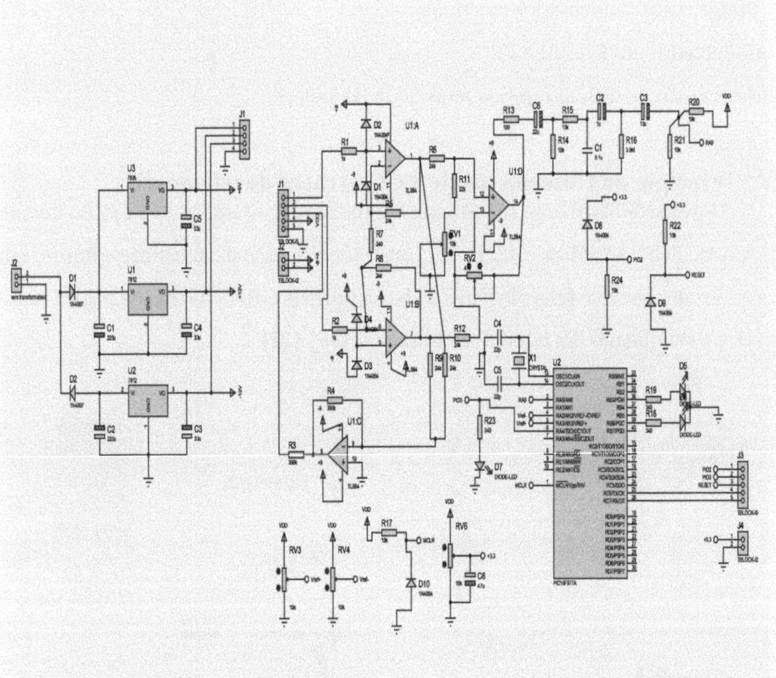

Esta placa tem três fases principais: a fonte de alimentação, a placa de deteção de ECG e a fase de programação para a conversão do sinal analógico-digital e a transmissão via Bluetooth.

IV.3.1 Eléctrodos

O elétrodo é o primeiro elemento da cadeia de medição electrofisiológica, diretamente em contacto com o meio biológico. Este dispositivo é utilizado para detetar a atividade eléctrica do coração - o ECG.

A ideia é captar externamente as ondas eléctricas emitidas pelo coração. O elemento sensível será, portanto, uma placa feita de um material condutor que é colocado em contacto com a pele.

É importante que estes eléctrodos sejam relativamente inalteráveis e impolarizáveis. A placa de prata, revestida com uma camada de cloreto de prata, é um bom elétrodo de superfície e o mais utilizado **[23].**

IV.3.2 Fonte de alimentação

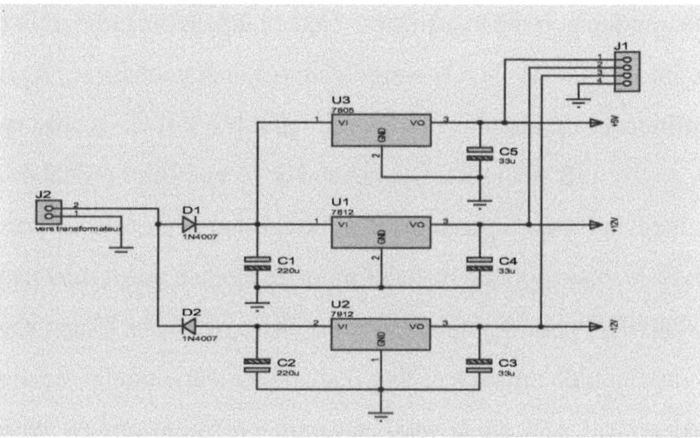

Este circuito de alimentação estável contém um transformador de 12V, dois díodos rectificadores D1 e D2, condensadores C1, C2, C3, C4 e C5, três reguladores de tensão para definir 9V, -9V e 5V.

IV.3.3 Cartão de aquisição de sinais ECG

Os sinais biológicos são registados como potenciais, tensões e intensidades de campo elétrico produzidos por nervos e músculos. As medições envolvem tensões a níveis muito baixos, normalmente entre 1μV e alguns mV, impedâncias de fonte elevadas e sinais de interferência e ruído de alto nível sobrepostos. É então necessário amplificar estas tensões, para as tornar compatíveis com dispositivos como ecrãs, gravadores ou conversores analógico-digitais para equipamento automatizado **[24]**.

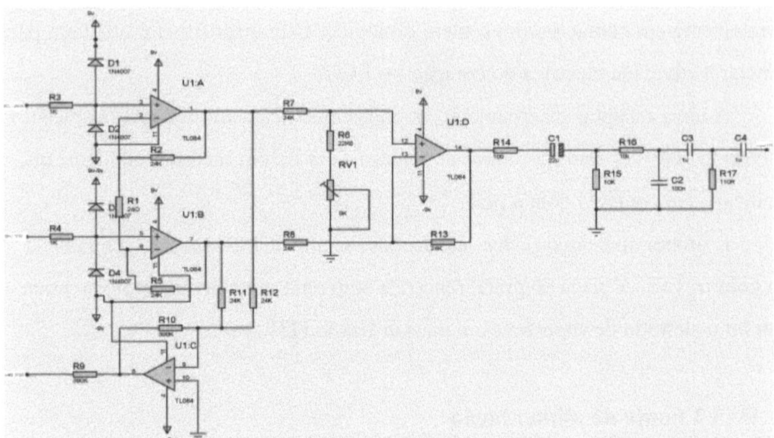

Este circuito permite visualizar o sinal de um eletrocardiógrafo no ecrã de um osciloscópio (figura IV.1). Os amplificadores operacionaisU1: A, B e D formam um amplificador de instrumentação cujo ganho é 201 de acordo com a seguinte relação: Avd1= (2R2+R1)/R1. Quanto ao U1: C, amplifica o sinal de modo comum em 31x e envia-o para a perna direita. Assegura que o corpo do paciente é levado a um nível de modo comum bem definido, de modo a que o sinal não possa sair da gama admissível para o amplificador de instrumentação. Como segunda função, exerce um efeito de retroação sobre o sinal de modo comum, de modo a que este sinal indesejável seja ainda mais severamente reduzido. As entradas também precisam de ser protegidas contra cargas electrostáticas elevadas, razão pela qual foram utilizados os díodos D1 a D4 e as resistências R1 e R3.

A rejeição de modo comum (CMRR) do amplificador de instrumentação pode ser ajustada utilizando P1. Para o conseguir, comece por ligar as duas entradas do mesmo amplificador. É essencial que os eléctrodos e a pele estejam em contacto estreito. Para testar o nosso protótipo, utilizámos três fios de cobre nus, enrolados à volta dos dedos indicadores (e da perna direita), o que pareceu suficiente para fornecer um bom sinal. Durante os testes, a amplitude do sinal de ECG foi de 200mV.

Filtragem

O sinal de ECG, amplificado desta forma, pode ser incorporado em várias fontes de ruído, como se mostra na Figura 1(a), pelo que é necessário um filtro para obter uma aparência bem visualizada dos picos do sinal de ECG Figura 1(b).

No nosso exemplo, utilizamos um filtro passa-baixo e um filtro passa-alto.

O filtro passa-baixo é constituído pela resistência P=10κΩ e pelo condensador C=0,1μF □□sa A frequência de corte é igual a : □□□□□□□□□□□□□F=1/2□RC=159Hz

O filtro passa-alto é constituído pelo condensador C=1μF e pela resistência R=3,9M □, a sua frequência de corte é igual a : Φ=1/2πPX=0.04Hz

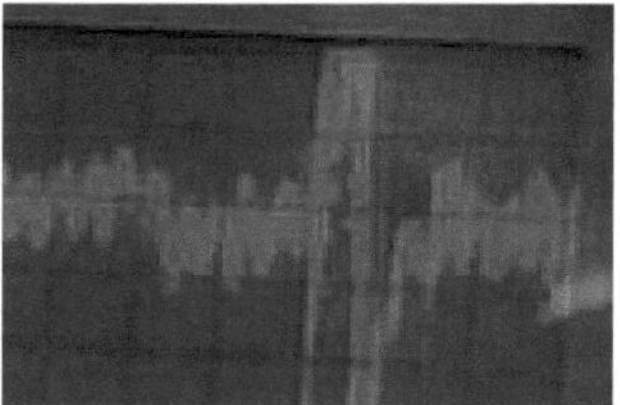

(a) Sinal de ECG antes da filtragem (b) Sinal de ECG após a filtragem

Figura IV.2: Visualização prática de um sinal ECG.

IV.3.4 Placa CAN e transmissão via Bluetooth

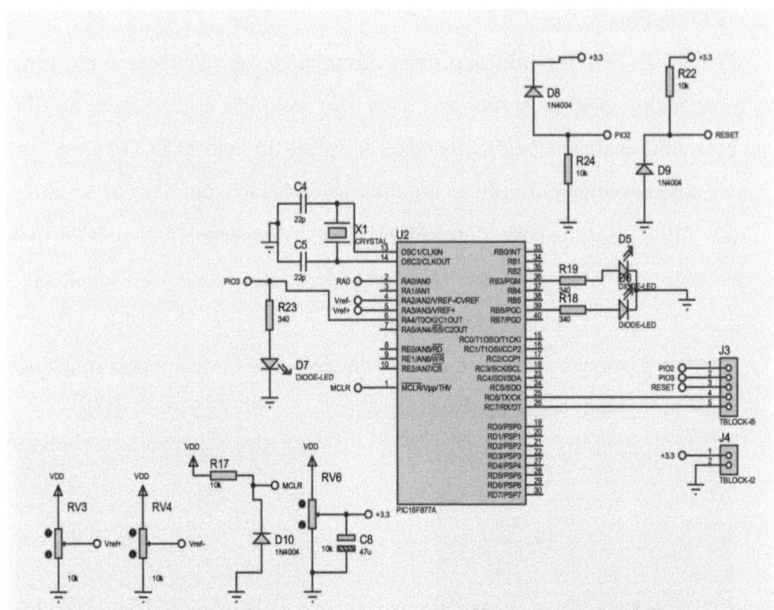

Este circuito é composto por um quartzo de 8Mhz e condensadores C4 e C5 para gerar a frequência do PIC, dois potenciómetros, um para regular a Vref do PIC (RV3) e o outro para fornecer a tensão de alimentação do módulo Bluetooth V=3.3v(RV6), dois LED verdes e vermelhos para testar a tensão de alimentação, um outro LED amarelo para indicar que existe uma ligação Bluetooth, um divisor de tensão para eliminar os valores negativos(R20,R21), três botões de pressão, dois para reiniciar o PIC e o módulo Bluetooth e o terceiro para desativar o módulo Bluetooth.

a) Programação no PIC16F877A

Descrição

- Consumo de energia: menos de 2mA a 5V a 4 MHz.

- Arquitetura RISC: 35 instruções com duração de 1 ou 2 ciclos.

- Tempo de ciclo: Período do oscilador de quartzo dividido por 4, ou seja, 500 ns para um quartzo de 8 MHz.

- Dois barramentos separados para código de programa e dados.

- Código de instrução: palavra de 14 bits e contador de programa (PC) de 13 bits, permitindo o endereçamento de 8 K palavras (de h'0000' a h'1FFF')

- Barramento de dados de 8 bits.

- 33 portas de entrada/saída bidireccionais capazes de produzir 25 mA por saída.

PORTA = 6 bits e PORTB PORTC e PORTD = 8bits PORTE = 3 bits para o 16F877.

- 4 fontes de interrupção :
- Externo através do pino partilhado com o porto B: PB0
- Alterando o estado dos bits do porto B: PB4 PB5 PB6 ou PB7
- Por um periférico integrado no chip: escrita de dados na EEPROM concluída, conversão analógica concluída, USART ou I2C recebido.
- Estouro do temporizador.
- 2 contadores de 8 bits e 1 contador de 16 bits com pré-divisor programável.
- Conversor analógico de 8 entradas e 10 bits para o 16F877.
- UART para transmissão em série síncrona ou assíncrona.
- Interface I2C.
- 2 módulos PWM com resolução de 10 bits.
- Interface com outro microfone: 8 bits + 3 bits de controlo para R/W e CS.
- 368 bytes de RAM.
- 256 bytes de dados EEPROM.
- 8K palavras de 14 bits na EEPROM Flash para o programa (h'000' a h'1FFF').
- 1 registo de trabalho: W e um registo de ficheiro: F para aceder ao RAM ou para os registos internos do PIC. Ambos são registos de 8 bits.

PORTA: 6 entradas/saídas. 5 entradas CAN. Entrada CLK do temporizador 0.

PORTB: 8 entradas/saídas. 1 entrada de interrupção externa Clk e Data para prog.

PORTC: 8 entradas/saídas. Clk Timer1 e PWM1. USART, I2C.

PORTD: 8 entradas/saídas. Porta de interface do microprocessador (dados de 8 bits).

GATE: 3 entradas/saídas. 3 bits de controlo micro-interface. 3 entradas CAN (ver anexo).

Este microcontrolador é utilizado por três razões:

-A primeira consiste em testar a tensão de alimentação da bateria ou de uma bateria recarregável, introduzindo tensão numa entrada analógica.

A segunda razão é a conversão analógico-digital do sinal ECG para transmissão via Bluetooth, que é codificado em 10 bits. Trata-se de um valor entre h'000' e h'3FF'.

As tensões de referência alta e baixa podem ser seleccionadas por programação a partir de: VDD ou o pino PA3 para VREF+ e VSS ou o pino PA2 para VREF- .

Os 4 registos utilizados pelo módulo conversor A/D são :

- ADRESH na página h'1E' 0: MSB dos 10 bits do resultado.
- ADRESL em h'9E' página 1: LSB dos 10 bits do resultado.
- ADCON0 em h'1F' página 0: registo de controlo n.º 0 do conversor.
- ADCON1 em h'9F' página 1: registo de controlo n.º 1 para o conversor (ver apêndice).

-O terceiro motivo é a comunicação em série com o módulo Bluetooth M2F03GX/GXA através dos pinos Tx e Rx para transmissão.

A transmissão é autorizada colocando o bit 5 de TXSTA em "1": TXEN = 1.

O DATA a ser transmitido é definido no registo TXREG em h'19' página 0. Este registo avisa que está vazio colocando a flag TXIF em "1" (bit 4 de PIR1). Esta bandeira muda para "0" assim que um byte é carregado no registo TXREG. É reposto a "1" por Hard quando o registo é apagado por transferência para o registo de serialização: TSR. Este registo não pode ser acedido pelo utilizador, não tem endereço. Se um 2º byte for então carregado no registo TXREG, a flag TXIF mudará para "0" e permanecerá aí até que o registo TSR tenha serializado completamente o byte anterior a ser transmitido. Logo que o STOP do byte anterior tenha sido transmitido, o registo TXREG é transferido para TSR e a flag TXIF muda para "1", indicando que o registo de transmissão TXREG está vazio e pode, portanto, receber um novo byte a ser transmitido. O bit TRMT (bit 1 de TXSTA) fornece informações sobre o estado do registo TSR. Quando o registo TSR não tiver terminado a serialização, TRMT=0. Este sinalizador volta a ser "1" quando o registo está vazio, ou seja, quando a paragem foi emitida. O sinalizador

TXIF também pode ser utilizado para gerar uma interrupção, desde que seja autorizado colocando o bit 4 de PIE1 em "1": TXIE = 1. Neste caso, as interrupções periféricas devem ser autorizadas colocando o bit 6 de INTCON em "1": PEIE = 1, e colocando o bit 7 em "1": GIE = 1 (ver apêndice).

Programação

As especificações devem ser traduzidas numa sequência ordenada de acções a realizar pelo processo de controlo. Esta sequência de operações será decomposta em acções ou instruções elementares: é o algoritmo.

No nosso projeto, estávamos interessados na linguagem PASCAL e, mais especificamente, no compilador MikroPascal da Mikroélektronika (versão: 8.0.01). Optámos pelo compilador MikroPascal porque é fácil de dominar. Também gera um ficheiro hexadecimal. Por exemplo, em linguagem avançada obtivemos 2 páginas, enquanto que em assembler necessitámos de 50 páginas.

O compilador MikroPascal dispõe de uma vasta biblioteca de procedimentos e funções adaptados à família de microcontroladores Pic da MICRCHIP. A sua utilização é facilmente acessível a partir da ajuda do software.

Organigrama do programa

Antes de escrever o programa, pegámos nas especificações do nosso sistema, fizemos uma análise funcional, como descrito acima, e depois elaborámos o fluxograma apresentado na figura, que traduzimos para a linguagem MikroPascal.

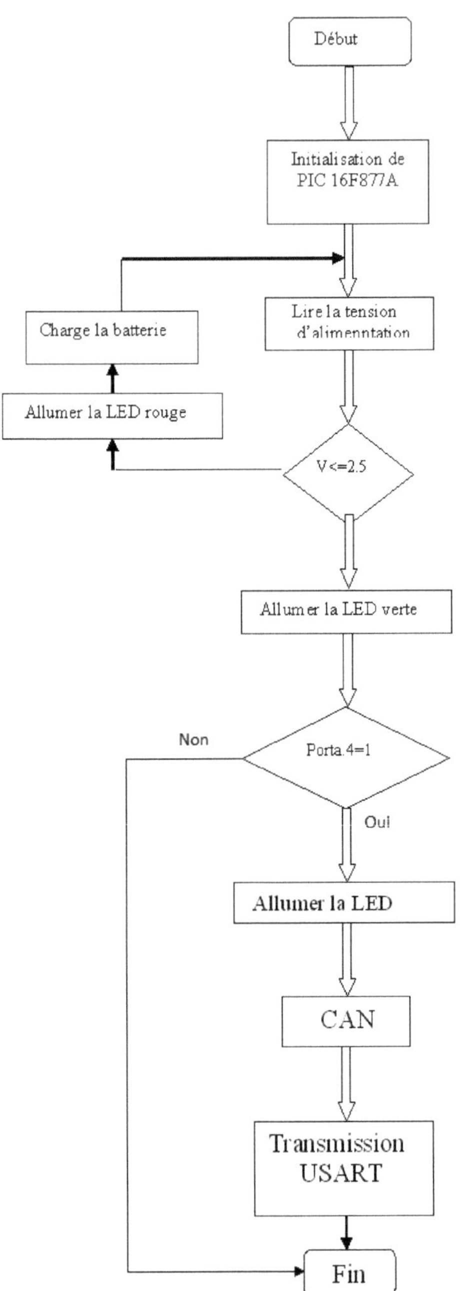
Début
Initialisation de PIC 16F877A
Lire la tension d'alimenntation
Charge la batterie
Allumer la LED rouge
V<=2.5
Allumer la LED verte
Non
Porta.4=1
Oui
Allumer la LED
CAN
Transmission USART
Fin

b) Transmissão sem fios via Bluetooth

Módulo F2M03GX/GXA

Módulo Bluetooth F2M03GX/GXA

Este **módulo** pode substituir um cabo de comunicação série por uma comunicação sem fios Bluetooth. O módulo é bidirecional, recebendo através dos pinos RX/TX e transmitindo através dos pinos de transmissão, pelo que qualquer comunicação em série de 9600 a 115200bps pode ser transmitida sem problemas de um dispositivo para um alvo a uma distância de até 100 m ao ar livre! Este módulo pode ser alimentado de 3,1V a 3,6V para uma simples ligação à bateria.

Este módulo deve ser configurado utilizando o software de configuração F2M_BlueGFG_3_03 (ver anexo), seguindo as instruções fornecidas na documentação do wirelessUART. **Características:**

- Ligação de comunicação muito robusta (100m) - acabaram-se os excessos de buffer!
- Método robusto de salto de frequência
- Frequência: 2,4~2,524 GHz
- Tensão de funcionamento: 3,1V-3,6V
- Temperatura de funcionamento: -40 a +80C
- Ligação encriptada **[25].**

Para que o telemóvel receba a transmissão do módulo Bluetooth e apresente o sinal de ECG no ecrã, executamos um programa em J2ME para receber os dados. Este programa utiliza as instruções Java descritas no capítulo II e no capítulo III.

Conclusão

Neste projeto, conseguimos conceber e produzir um sistema inovador de transmissão de electrocardiogramas (ECGs) via Bluetooth para um telemóvel remoto. O principal objetivo era enviar pelo menos três derivações de ECG em simultâneo, utilizando técnicas sofisticadas de aquisição, filtragem e transmissão sem fios.

Em conclusão, este projeto representa um avanço significativo no campo da telemedicina, oferecendo uma solução prática e económica para a monitorização remota de doentes. Com futuros melhoramentos e potencial aumento de escala, o nosso sistema poderá ter um impacto positivo na qualidade dos cuidados de saúde e na gestão das doenças cardiovasculares.

CONCLUSÃO GERAL

Neste modesto trabalho, o foco teórico e prático foi o diagnóstico na área médica. Foram também abordadas outras áreas, como a transmissão sem fios para telemóveis via Bluetooth. Esta tecnologia recente está a tornar-se cada vez mais explorável em todos os domínios, nomeadamente no sector médico. Os pacientes podem agora ser monitorizados à distância pelos seus médicos.

O nosso circuito foi criado com o software Proteus (ISIS & ARES) do LABCENTER. O ISIS permitiu-nos elaborar o esquema elétrico e simulá-lo. O ARES permitiu-nos desenhar o circuito impresso. O ARES permitiu-nos desenhar o circuito impresso.

A parte digital foi obtida utilizando o compilador MikroPascal da Mikroelectronika, dedicado aos microcontroladores PIC da microchip. O MikroPascal foi escolhido pela sua facilidade de utilização. A conversão analógica para digital foi efectuada.

O software Wireless Toolkit foi também utilizado para simular a utilização do telemóvel. O Wirelss Toolkit utiliza a linguagem Java (J2ME). Esta parte foi validada através do envio de um sinal do servidor para o cliente.

Este projeto experimental e numérico permitiu-nos, em primeiro lugar, adquirir conhecimentos de programação de picos e de Java. Adquirimos também informações consideráveis sobre a atividade cardíaca.

É de salientar que, como em qualquer projeto, nos deparámos com problemas práticos. Por exemplo, a falta de amplificadores de instrumentação obrigou-nos a utilizar outros métodos mais complicados. Estas lacunas serviram apenas para enriquecer a nossa formação e preparar-nos para a profissão de engenheiro.

Por fim, gostaríamos que os nossos sucessores analisassem os sinais arrítmicos, tentando acionar alertas, de preferência sonoros, em caso de anomalias cardíacas (taquicardíacas e bradicardíacas). Poderão também ver as informações enviadas pelo computador móvel GPRS para tratamento.

Bibliografias e referências

[1] Recomendações relativas às modalidades de gestão medicalizada da doentes em estado grave. SAMU de França, Sociedade Francesa de Reanimação Anestésica, julho de 2002.
[2] Garrigue B. Gestão e vigilância de dispositivos médicos no SAMU/SMUR. *Em* 11ª reunião de formação avançada do IADE. Paris, Elsevier 2000.
[3] Isaac NEWTON "modelling ECG signals with orthogonal polynomials" (modelação de sinais ECG com polinómios ortogonais) http://www.ECG,compréssion,polynome.pdf .
[4] http://www.iav.ac.ma/veto/filveto/guides/phys/physiopharmazine/physiologie cardiac.htm#HISTOLOGY.
[5] http://www.chapitre1 o coração e a eletrocardiografia.
[6] http://membres.lycos.fr/tpecardio/ecg.htm.
[7]
[8] http://www.introduction-sommaire.pdf.

[10] J. Le Roux, *"Notion de communication numérique"*, 20 de março de 2001. http://www.essi.fr/~leroux/courstransmission.pdf.
[11] http://www.dotnetguru.org/articles/J2MEvsSDE/J2MEvsSDE.htm .
[12] Bruno Delb, J2ME Java Applications for Mobile Terminals, Editions Eyrolles, 2003.
[13] Martin de Jode, "Programming Java 2 Micro Edition on Symbian OS A developer's guide to MIDP 2.0". John Wiley & Sons, ITD, 2004.
[14] Ian Utting, "Problems in the Initial Teaching of Programming using Java: The case for replacing J2SE with J2ME", ITiCSE'06, Bolonha, Itália.Ian Utting, ACM, 26-28 de junho de 2006
[15] Damien Zéni, "Personal presentation Java 2 Micro Edition", EIVD - EI5b, *fevereiro de 2003.*
[16] André N. Klingsheim, J2ME Bluetooth Programming Master's Thesis, Department of Informatics University of Bergen, 30 de junho de 2004.
[17] Jean Michel DOUDOUX, "Développons en Java", livro eletrónico, http://jmdoudoux.developpez.com/java/.

[19] C. Enrique Ortiz, "Utilizando as APIs Java para Bluetooth, Parte 2 - Colocando as APIs principais para funcionar", http://developers.sun.com/techtopics/mobility/apis/articles/bluetoothcore/index.html
[20] Kumar, "Bluetooth Application Programming with the Java APIs", primeira edição, Morgan Kaufmann, 2004.
[21] C. Enrique Ortiz, "Utilizar as APIs Java para Bluetooth", Parte 1 Descrição geral da API, http://developers.sun.com/techtopics/mobility/apis/articles/bluetoothintro/index.html

[22] http://www.rds_2004.pdf.
[23] Colince donfack electrodes; *"*characterisation of electrode_tissue contacts for implantable neuromuscular stimulators*"*.
[24] Memoire présente en vue de l'obtention du diplôme de maitrise des sciences appliqués en genie électrique Ecole polytechnique de montréal. janeiro de 2000.
[25] http://www.datasheet F2M03GX/GXA.pdf.

Printed by Books on Demand GmbH, Norderstedt / Germany